要什么完美
一切都是最好的安排

罗金 著

台海出版社

图书在版编目(CIP)数据

要什么完美，一切都是最好的安排 / 罗金著.—北京：台海出版社,2016.3

ISBN 978-7-5168-0913-6

Ⅰ.①要… Ⅱ.①罗… Ⅲ.①情绪–自我控制–通俗读物 Ⅳ.①B842.6–49

中国版本图书馆 CIP 数据核字(2016)第 052151号

要什么完美，一切都是最好的安排

著　　者：罗　金

责任编辑：刘文卉

装帧设计：马小马　　　　　　版式设计：通联图文

责任校对：唐思磊　　　　　　责任印制：蔡　旭

出版发行：台海出版社

地　址：北京市朝阳区劲松南路 1 号，　邮政编码：100021

电　话：010-64041652（发行，邮购）

传　真：010-84045799（总编室）

网　址：www.taimeng.org.cn/thcbs/default.htm

E-mail：thcbs@126.com

经　销：全国各地新华书店

印　刷：北京高岭印刷有限公司

本书如有破损、缺页、装订错误，请与本社联系调换

开　本：880mm×1230 mm　　　1/32

字　数：170 千字　　　　　　印　张：9

版　次：2016 年 6 月第 1 版　　印　次：2016 年 6 月第 1 次印刷

书　号：ISBN 978-7-5168-0913-6

定　价：36.00 元

PREFACE

前 言

事事追求完美，是人的通病。

功课非得第一不可，工作非得是高薪且轻松的不可……没有达到满意之前，我们只顾极力地去改善，一心想着："离目标还远得很呢，得再加把劲儿才行。"于是，我们总在修正的漩涡里打转，为了完美，我们不知道花了多少心血。

世界上没有什么人和什么事可以达到"完美"的境地。所以，不必设定完美的标准，只要尽自己最大的努力去做好每件事就可以了。

承认缺憾的美感并不是要放弃奋斗与追求，追求完美、正视缺憾才是人生的最高境界。

有一位茶师让儿子打扫庭院，当儿子扫完了之后，他说："不够干净。"让儿子再打扫一遍。于是儿子又花了一个小时的时间仔细打扫。打扫完成后，儿子擦了擦额头上的汗，说："父亲，现在已经打扫干净了，石阶已经冲洗了五次，地上没有一枝一叶。"

茶师却斥儿子说："傻瓜，你这哪像是打扫庭院啊？这更像是洁癖！"茶师一边说一边走到院子里，用力摇动一棵树，金色、红色的树叶被抖落一地。茶师说对儿子说："打扫庭院不只是要让它清洁，也要让它有自然的美感。"

追求完美即是不完美。生活中，多少失落、痛苦和不幸正是源于它。若过于执著且不肯变通，必然会陷入完美主义的心理误区，从而一次次与机遇擦肩而过，与成功遥遥相望，最终只落得两手空空。

杨绛曾说，她愿有一件凡间的隐形衣，而这隐形衣就是身处卑微。权力、财富上的不完美，使一个人隔绝于世，更能清楚地找到自己人生的定位，认清世间百态。有人甚至说，身体上的不完美成就了霍金。暂且不论此话妥贴与否，不可否认的是：正是这种不完美，使他意识到只有靠超越常人的思维才能立足于社会。类于此的事例不胜枚举，而正是这些不完美使一个人清楚地看到前方的道路曲折、路旁的荆棘刺草，最终找到了自己的定位。

人生本来就是不完美的，从孩童到老年，人生经历的多个阶段中，到处都有遗憾和不尽如人意的地方。学生时代，常常有人感叹,自己学习成绩好、志向高远,却没有能够就读于满意的学校或学修喜欢的专业;创业的时期,也有人每每感叹,自己有很好的兴趣专长却不能与自己的工作事业相统一;到了要结婚的年龄,却总抱怨难以遇上自己心目中的"白马王子"或"白雪公主";而对于围城之中的男女,在要承担各种家庭责任和义务的同时,还要承受对方的坏脾气或不良习气,更有甚者,还会遇上配偶的不忠和背叛;此外,人生还要经历生老病死,不可避免地遇上世事无常、前途渺茫的窘境……

　　总之,学业、工作、事业、爱情、婚姻、家庭、健康、财富等诸多方面构成了不完美的人生。所以,让我们学会接纳人生的不完美吧,就像我们赞美月圆也接受月缺一样。其实,月圆月缺只是受我们有限的视觉感觉的欺骗,即我们所处的时间与位置的不同而已,它原来就是同一个月亮。对于完美人生的认识不也是同样的道理吗?只是人生道路的波澜起伏和阶段变化而已,我们同样感动于月圆是画月缺是诗的境界。

　　在接纳自己不完美人生的同时,也要接纳别人的不完美人生;在接纳自己过失的同时,也要接纳别人的过失;在宽慰自己同时,也要宽容别人。不要总抓住曾经的不完美、不愉快不放,让自己的心灵蒙上灰色的阴影,那样,人生会失去美好的憧憬,失去创造、追求美好生活的信心。

　　放弃完美主义吧，不要把你有限的生命浪费在追求虚无的完美中。只有在不完美中，人们才能找到自己人生的定位。不完美是"昨夜西风凋碧树"的清醒，而完美往往是"高处不胜寒"的迷惘。完美只是一种追求，正是因为不完美，只有一次的人生才显得弥足珍贵。学会接受不完美，才能得到真正的幸福！

CONTENTS

目 录

第一章

婆娑世界，
人生本就不完美

1.事物本残缺，不必去苛求完美

很多人常常埋怨自己的生活不够美满，这也不如意，那也不舒心，因此心情郁抑、生活无味。其实，损伤和缺憾是我们进入另一种美丽的契机。不完美是生活的一部分，拥有缺陷是人生另一种意义上的丰富和充实。每个人都有缺点，重要的是你如何看待它，如何将这些"缺点"转化为"优势"，将这个"优势"好好运用、发挥，并得到更好的效果。

从前，有一位受人雇用挑水的农夫。他有两个水桶，分别吊在扁担的两头，其中一个桶有裂缝，另一个则完好无缺。在每趟长途挑运之后，完好无缺的桶总能将满满一桶水从溪边送到主人家中，但有裂缝的桶到达主人家时，却只剩下半桶水。

两年来，农夫就这样每天挑一桶半的水到主人家。当然，好桶对自己能够送满整桶水感到自豪，而破桶则对于自己的缺陷感到羞愧，它为只能负起一半责任而难过。

有一天，饱尝了两年失败的苦楚，破桶终于忍不住了，在小溪旁对农夫说："我很惭愧，我必须向你道歉。"

"为什么？"农夫问道，"你为什么觉得惭愧？"

"过去两年，因为水从我这边一路地漏掉了，我只能送半桶水到主人家。我的缺陷，使你做了全部的工作，却只收到一半的成果。"破桶说。

农夫替破桶感到难过，他说："这一次，在我们回到主人家的路上，我要你留意路旁盛开的花朵。"

走在回家的山坡上，破桶觉得眼前一亮，它看到路旁开满了缤纷的花朵，沐浴在温暖的阳光下，这景象让它的心情舒畅了很多。

但走到小路的尽头，它又难受了，因为又有一半水在路上漏掉了，破桶再次向农夫道歉。

农夫温和地说："你有没有注意到小路两旁，只有你的那一边有花，好桶的那一边却没有开花。我明白你有缺陷，因此我善加利用，在你那边的路旁撒了花种。每次我从溪边回来，你都会替我一路浇花。两年来，这些美丽的花朵装饰了主人的餐桌。如果你不是这个样子，主人的桌上也没有这么好看的花朵。"

正是因为那只破桶的不完美，才成就了路边盛开的鲜花。可见，即便生命中有诸多不完美，只要你能正确地认识这种残缺，一样可以追求到幸福。

其实，人生本就没有完美可言，任何事物都不可能达到完美的境界，如果每一个细节都要追求完美，很有可能会因此失去大局。

曾有一位终日消沉的历史学家说："如果我不追求完美，

那我只会是一个平平庸庸的人。谁愿意空活百岁,碌碌无为呢?"他把完美主义看成了自己为取得成功必须付出的代价,他相信实现完美是他达到理想高度的唯一途径。可是实际情况呢? 他对失败的恐惧使他做事如履薄冰,根本做不出什么成绩。

当然,完美主义者也有可能获得成功,但成功的到来并不是因为这些完美的标准。研究表明,强迫性的完美主义并不利于人的心理健康,反而会使工作效率、人际关系、自尊心都受到严重损害,甚至会导致自卑和自我挫败。

完美主义经常会让人情绪紊乱,工作效率低下,原因之一就是他们以歪曲的、非逻辑的思维方法看待生活。完美主义者最普遍的思维方法是"要么全有,要么全无"。另外,在人际关系中,许多完美主义者感到孤独是因为他们害怕自己的意见不被采纳,使自己的完美形象受到影响,所以,他们总为自己的言行辩解,对别人却指指点点、评头论足。这样的做法常常会伤害到别人,影响同事、朋友之间的关系,最终导致他们陷入被人孤立的境地。

很久以前,有一位完美主义的渔夫。他每次打鱼都追求完美,只想打大鱼,打上来的小鱼都会放回去。

有一天,他从海里捞到了一颗晶莹剔透的大珍珠,他对此爱不释手。但美中不足的是,珍珠的上面有个小黑点,"美珠有瑕"。渔夫想,如能将小黑点去掉,珍珠将变成完美的无价之宝。于是，渔夫将这颗珍珠剥掉一层。可是剥掉了一层，黑点仍在；再剥一层，黑点还在；一层层地剥到最后，黑点是没有了，然而珍珠也不复存在了。渔夫捧着满手的珍珠粉末痛哭流涕。

渔夫想得到的固然是美的极致，但在他消除所谓的瑕疵的同时，美也消失在他追求完美的过程中了。有黑点的珍珠不过是白璧微瑕，正是其浑然天成、不着痕迹的可贵之处，如同"清水出芙蓉，天然去雕饰"，美得自然，美得朴实，美得真切。美真正的价值并不在于它的完整，而在于那一点点的残缺，就如同缺失双臂的维纳斯，它能给人以无限的遐思，美丽也就在这样一种遗憾和遐想中成为了极致。

2.追求完美的代价

希望自己的形象变得完美一点，希望自己做的事完美一点，将完美作为自己的一个努力方向，这当然很好。但也有很多人不仅仅是在追求完美，而是处处苛求完美，将其当成了自己一生的终极追求，以致掉进了这个漂亮的陷阱，随之而来的是心情焦虑、紧张、孤独，精神备受折磨。

哲人说："完美本是毒。"生活中，事事追求完美是一件令人痛苦的事。世界上总有很多人坚持完美主义，他们对那个永远不可能实现的目标孜孜不倦，实际上，他们这么做只是在浪费时间。

有位伟大的雕刻家，他是一位完美主义者，他所完成的雕像几乎可以以假乱真，令人难以区分哪个是真人，哪个是雕像。

有一天，死神告诉雕刻家他的死亡时刻即将来临。雕刻家非常伤心，他和所有人一样害怕死亡。他苦思冥想了很久，最后终于想到了一个好方法，他做了11个自己的雕像。当死神来敲门时，他藏在了那11个雕像之间，屏住呼吸。

死神感到困惑，他看到了12个一模一样的人，他无法相信自己的眼睛。他从没听说过上帝会创造出两个完全一样的人，世上的每个人都是唯一的。

这是怎么回事呢？死神只能带走一个，他无法确定自己究竟该带走哪一个……带着困惑，死神回去问上帝："你到底做了什么？居然会有12个一模一样的人，而我要带回来的只有一个，我该如何选择？"

上帝微笑地把死神叫到身旁，在死神耳旁轻声说了一句话。

死神问："真的有用吗？"

上帝说："别担心，你试了就知道了。"

死神半信半疑地来到那个雕刻家的房间，往四周看了看，说："先生，一切都非常完美，只是我发现这里还有一点瑕疵。"

这个追求完美的雕刻家完全忘记了自己此刻的处境，他立即跳出来问道："什么瑕疵？"

死神笑着说："哈哈，我终于抓到你了，这就是瑕疵——你无法忘记你自己。天堂都没有完美的东西，何况人间？走吧，你的死亡时刻已经到了！"

你是不是也像这个雕刻家一样，事事追求完美？你是不是总是要求自己在工作上做到尽善尽美？你是不是会因为鼻子上有一块不用放大镜就看不到的斑点而不敢照镜子，甚至要去整容？你是不是在等待一个完美的爱人？你是不是一直渴望交一个没有任何缺点的朋友？你是不是一心要找个待遇好、地位高又很轻松的单位上班？你是不是在比赛的时候一定要赢，否则就不参加比赛？别做梦了，你只是在浪费自己的时间。

如果你发现花再多的努力也不会让最后的成果有显著改善，那就别再在这项工作上花费精力了。当然，这不是让你故意偷懒或不尽力把事情做好，而是你的工作已做得不错，再花更多的时间在上面只是浪费。对大多数项目来说，做好９５％～９８％已经算相当好了。科幻小说作家阿西莫夫就说："我不是完美主义者，我再回头看自己所写的书时，一点也不会感到遗憾或担心。"

　　１９世纪法国诗人穆塞特曾写下一段话："完美根本就不存在，了解这句话的人就等于了解人性智能的极致，期待拥有完美是人类最疯狂危险之举。"

　　挂在墙上的画可能会很漂亮，我们可以将其作为艺术品来欣赏，但不要以为我们的生活和人生会真的像画一样，甚至要求自己成为画中的人，那不现实，而且只能是徒劳。

　　"上天是公平的，它赐予每个人以生命与死亡。""上天是不公平的，它赐予每个人以使人羡慕乃至嫉妒的美德，同时也赐予使人抱憾、同情、扼腕等的种种缺陷。"所以，不必苛求完美。

3.抛却求全妄想，学会享受"厄运"之美

　　歌德曾经说过："我之所以高兴，是因为我心中的明灯没有熄灭。道路虽然艰难，但我却不停地求索我生命中细小的快乐。如果门太矮，我会弯下腰；如果我可以挪开前进路上的绊脚石，我就会去动手挪开；如果石头太重，我可以换一条路走。我在每天的生活中都可以找到高兴的事情。"

　　生命本来就是不能被安排的。人生的际遇可能像朝阳一

样可喜，像绵羊一样可亲，也可能像恶魔一样恐怖。可是，你万万想不到会一下子时运不济，处处遭遇打击，被人误解侮辱、压榨欺凌，如遇猛虎。更惨的是，厄运有时如同车轮，在你的头上若无其事地轧过。

生活中的种种遗憾和不幸是无法避免的，但是，当我们不得不面对残酷的命运时，只要心里充满阳光，所有流汗淌泪的日子也会灿烂如花，种种苦涩都会化为唇边云淡风轻的一抹微笑。我们要用自己的坚强守住生命的鲜活，即使孤苦凄然，也要树起不屈的信念。

一位疲惫的诗人去旅行，出发没多久，他就听到路边传来一阵悠扬的歌声。那是一个快乐男人的声音。

他的歌声实在太快乐了，像秋日的晴空一样明朗，如夏日的泉水一样甘甜，任何人听到这样的歌声，都会马上被感染，让快乐把自己紧紧地包裹起来。

诗人驻足聆听。歌声停了下来，一个男人走了出来，他的笑声甚至比他本人出来得更早。

诗人从来没有见过一个人笑得如此灿烂，只有一个从来没有经历过任何艰难困苦的人，才能笑得那样灿烂，那样纯洁。

诗人上前问候："您好，先生，从您的笑容就可以看得出来，您是一个与生俱来的乐天派，您的生命一尘不染，您既没有尝过风霜的侵袭，更没有受过失败的打击，烦恼和忧愁也没有叩过您的家门……"

男人摇摇头，说："不，你错了，就在今天早晨，我还丢了一匹马，那是我唯一的一匹马。"

"最心爱的马都丢了，您还能唱得出来？"

"我当然要唱了，我已经失去了一匹好马，如果再失去一份好心情，我岂不是要蒙受双重的损失吗？"

生命不仅是一种结果，更是一个过程。过程中难免会有一些暗淡的色彩，给生命带来缺憾，但学会欣赏厄运之美，能使我们沉迷时变得清醒，软弱时变得坚强，颓废时变得积极，愁苦时变得欢乐，对任何事都能拿得起、放得下、甩得开。

如果不幸已经发生，那就去接受不可改变的现实吧，即使再不情愿，也要及时收住自己错误的脚步，寻找新的方向。记住，事情已经发生，如果不能改变它，那就试着去接受它。

2008年汶川地震发生后，位于成都的四川大学华西医院成了众多震灾重伤员的家。

躺在床上的何纯涛保持着单纯的笑容，她的笑没有丝毫勉强，透明得如同她的名字。这么明亮简单的女孩，应该正享受着青春的欢娱。可她却躺在病床中间，枕头离床头还有一个枕头的距离——她的双腿没了。

"感觉好些了，只是换药时有点痛，明天就要进行第二次手术了。"依然是甜甜的笑容，似乎被截去双腿并不是什么大不了的事。

22岁的何纯涛从泸州化工职业技术学院毕业，在什邡一家公司从事工业分析与检验。5月12日下午，何纯涛准备去上班，刚走出宿舍门，地震就发生了。一根横梁带着垮塌的建筑狠狠地砸在了她的双腿上，压得她无法动弹。幸运的是，楼梯间罩在她的头上，正好形成了一个小空间，让她可以呼吸。直到14日下午，何纯涛才获救，但她的双腿被重压了两天，肌肉已坏死，四川大学华西医院只得无奈地对其进行了截肢手术。

"比起其他不幸的人，我已经算是幸运的了。我有3个好朋友，大家天天一起玩一起吃，有一个今年1月份刚结婚，但她们都不在了。毕竟我还活着，我还有未来。"何纯涛说。

"以后，能站起来就是我最大的愿望，我有信心面对生活。医生跟我说，我可以装假肢。等到我的生活可以自理了，我还想继续做自己的专业。而且，我还想结婚呢！"

人生的道路充满荆棘与坎坷，但生命是美丽的，生活是美好的，我们应该笑对厄运。生活中，我们不必去祈求也不可能总是阳光明媚的艳阳天，狂风暴雨随时都有可能光临。但只要我们有迎接厄运的勇气和胸怀，在打击和挫折面前不低头，跌倒了再爬起来，将自己重新整理，以勇敢的姿态去迎接命运的挑战，只要我们坚信人生没有过不去的坎，就能迎来人生新的辉煌。

4.可以追求美，但不能奢求完美

在现实生活中，人们总在追求完美，欲望无止境的人们，追求完美的心态似乎也无止境，然而，人生总有缺憾。事物的本来面目就是这样：世事大多并不完美！"找一片最完美的树叶"，人们的初衷总是美好的，但是，如果不切实际地一味找下去，最终往往只会吃尽苦头。直到有一天你才会明白：为了寻求一片最完美的树叶，而失去许多机会是多么得不偿失。

"残缺"总是不可避免地出现在我们的生活里，这是一种现状，也是一种规律。我们当初都以为地球是圆的，其实它上大下小，貌似一个不规则的"大梨"；我们还以为河流都像地图上标设的那样，两岸翠绿，河水清清，但走近了才发现，河水混浊，泥沙沉积，甚至被污染得发黑、发臭……现实就是这样，完美总与我们作对，与我们的想象玩着猫捉老鼠的游戏。但令我们稍感安慰的是，残缺有时也会产生另一种美！

我们做事当然应该努力做到最好，但也要清楚，人永远无法做到完美，所以，我们没有必要要求自己做一个完人。然而，人们有时并不能正确对待自己的过失。

有位画家，发誓要完成一幅旷世之作。于是，他把自己关在画室里，与世隔绝。几年过去了，他都没有画出自己满意的作品。后来，这位画家不幸去世了。人们清理他的画室时，发现了一个被巨大的幄布遮住的画架，人们猜那可能就是画家的完美之作。揭开后，人们发现，那只不过是一张涂满各种颜料却没有任何图案的"画"。

原来，画家一直以为画应该不断修改才能趋于完美。于是他不断否定自己，在画布上涂涂改改，直至耗尽全部的精力。

没有达到满意之前，我们只顾极力地去改善，一心想着："离目标还远得很呢！得再加把劲儿才行。"于是，我们总在修正的漩涡里打转，为了完美，我们不知道花了多少心血。

世界上没有什么人和什么事可以达到"完美"的境地。所以，不必设定完美的标准，只要尽自己最大的努力去干好每件事就可以了。

承认缺憾的美感并不是放弃奋斗与追求，追求完美、正视缺憾才是人生最高的境界。

几十年的独身生活让威廉感到厌倦，威廉决定娶一个妻子。威廉经常看到取名为"爱情"的婚姻介绍所的广告，据说，这些广告曾经帮助许多人解决了他们的终身大事。于是，他来到了本市最有名气的婚姻介绍所。

接待他的是一位女士，这位女士将他带到了一个房间，房间里有很多门，上面写着一些女性的资料，威廉要做的就是根据自己的要求推开相应的门。

第一个门上写着"终生的伴侣"，另一个门上写着"至死不变心"。威廉忌讳这个"死"字，便迈进了第一个门。接着，又看到两个门，右侧写的是"淡黄的头发"，左侧写的是"乌黑的头发"。威廉喜欢长着淡黄色头发的女性，于是推开了右边的那扇门。进去以后，还有两扇门，左边写着"美丽、年轻的姑娘"，右面则是"富有经验的、成熟的女人和离过婚的女人"。可想而知，左边的那扇门更能吸引威廉的心。可进去以后，又有两扇门，上面分别写的是"苗条、标准的身体"和"略微肥胖、体型稍有缺陷者"。用不着多想，苗条的姑娘显然更中威廉的意。进了第五个房间后，威廉发现里面还有两个门，分别写的是"双亲健在"和"举目无亲"。

威廉感觉自己好像进了一个庞大的分检器，在被不断地筛选着。下面分别看到的是他未来的伴侣操持家务的能力，一个门是"爱织毛衣、会做衣服、擅长烹饪"，另一个门上则是"爱打扑克、喜欢旅游、需要保姆"。自然，爱织毛衣的姑娘又赢得了威廉的心。他推开把手，岂料又遇到两个门。这一次，令人高兴的是，"爱情"介绍所分别介绍了她们的精神修养和道德状况："忠诚、多情、缺乏经验"和"天才、具有高度的智力"。威廉确信，他自己的才能已足够应付全家的生活，于是迈进了第一个房间。里面，左侧的门上写着"疼爱自己的丈夫"，右侧写的是"需要丈夫随时陪伴她"。威廉需要一个疼爱他的妻子,于是毫不犹豫地选择了左侧的门。下面的两个门对威廉来说是一个极为重要的选择,上面分别写的是"有遗产,生活富裕,有一栋漂亮的住宅"和"凭工资吃饭"。理所当然地,威廉选择了前者。

威廉推开了那扇门,可当他推开那扇门,才发现自己已经走上了马路。这时,一开始接待威廉的那位女性来了,她递给威廉一个玫瑰色的信封。威廉打开一看,里面有一张纸条,上面写着:"您已经挑花了眼,人不可能十全十美,完美是种理想,即便是上万种选择,仍会有遗憾。"

完美主义者在做事的时候总是力求不存缺憾,哪怕是无关紧要的细节也不肯放过。这种人最终只会被失望击中,因为人们所做的事本来就是不完美的,完美主义者一开始就在做一个一碰即碎的泡沫般的梦。

人生确实有许多不完美,但我们可以选择走出不完美的心境,而不是在"不完美"里哀叹。只有承认软弱,才可能变得坚强;只有正视人生的不完美,才有可能创造出另一种"完美"的人生。

5.每个人都是被上帝咬过一口的苹果

完美只是一种美好的向往和追求,世上永远不会出现真正完美的人和物,每个人都是被上帝咬过一口的"苹果"。但是,有时候看似是缺陷,却也有可能成为你的闪光点。

他叫夏查·范洛,是比利时一个普通的盲人。他一直不明白上帝为何要这样惩罚他。从小时候起,他就不得不努力倾听周围的一切声响,来辨别方位,躲避危险。

他讨厌过马路,因为常常会撞到别人,或被一些车撞倒,这令他总是伤痕累累。直到17岁那年,他撞在了一辆响着铃的自行车上。

骑自行车的女孩生气地冲着戴着墨镜的他大声质问:"你为什么要故意撞倒我,看不见吗?"他当时身上撞得很疼,就激愤地说:"是,我是个瞎子,怎么样? "

"铃按得那么响,不会用耳朵听吗?"女孩丢下这一句话,扶起自行车,愤怒地离开了。他愣在了那里,回味着那句话,才突然想到了自己的耳朵。是啊,没有了眼睛,还有耳朵,这是上帝赐予他和别人一样的礼物,却很特别。因为他的耳朵不仅要用来听,还要代替他的眼睛"看见"这个世界。

从此,范洛开始锻炼自己的听力。他不知吃过多少苦,流过多少汗，受过多少伤，但他一直没有放弃。十几年的艰苦练习，让他练就了天下无双的敏锐听力。后来，他进入了警队。

他凭借窃听器里传来的嘈杂汽车引擎声，就能判断犯罪嫌疑人驾驶的是一辆标致、本田还是奔驰；当嫌疑人打电话时，他能根据不同号码的按键声音差异，分辨出嫌疑人拨打的电话号码；在监听恐怖嫌疑人打电话时，他可以推断出嫌疑人此时是身处机场大厅，还是藏身于喧闹的餐馆，或是在呼啸的列车上。

由于听力超群，他可以辨别不同语言发音的细微差异，这让他成为了一个优秀的语言学家和训练有素的翻译。他会说7种语言，包括俄语和阿拉伯语。他还自学了塞尔维亚语和克罗地亚语。可以说，他的脑子就像图书馆一样汇集了各种语言，正是这种语言能力使他成为了警局中对抗恐怖主义和有组织犯罪的珍贵人才。

他从警的时间不长，但他利用听力的优势，屡立奇功，获得过各种奖励和荣誉，是比利时警界里"失明的福尔摩斯"。

这位超级英雄手里握着的不是手枪，而是一根盲人手杖，他身边通常没有警车，而是跟着一只导盲犬。

范洛从不忌讳别人说自己是个盲人，他常说："如果我能看到光明，我现在可能还是一个平庸的人。正因为我看不见，我才会专心努力地去听，结果我听到了别人无法听到的声音。"

有人说，上帝就像个精明的商人，从来不做亏本的买卖，他给你一分天才，就会搭配几倍于天才之上的苦难。这话说得一点都不假。

上帝发给每人一个"苹果"，并在"苹果"上咬了一口。虽然苹果不完整了，但有的人还是把它当作上帝的恩赐。苦难和缺陷不也是上帝给我们的特别恩赐吗？它需要我们细细品味，慢慢体会。

人的一生总会发生一些难以预料的事请，面对生活的不完美和不如意，我们既不能放弃自己，也不能苛求自己变得更完美，而应勇敢地接受自己不完美的现实，不抱怨，不懊恼，怀着一颗包容的心看待生活给我们的不如意。

所谓"世界并不完美，人生当有不足"，留些遗憾，反倒可使人清醒，催人奋进。

美国第26任总统罗斯福，小时候的他有着一副非常"抱歉"的面孔，暴露在外、参差不齐的牙齿，以及畏首畏尾的神态，都成为了别人嘲笑他的原因。他有气喘的毛病，当他在教室里被老师喊起来背书时，他的呼吸急促得好像快要断气一样，两腿站在那里直发抖，牙齿也颤动得像要脱落下来一样，显得非常局促不安。他背出的句子含糊不清，几乎没人听得懂。

也许你以为这样的他一定性格内向，文静怕动，神经过敏，不喜交际，常常自怨自艾。但你完全错了，他没有因这些缺陷而气馁，反而因为有这些缺陷而加紧了他的奋斗。他经过长期的坚持和学习，把那常常被人鄙视的气喘变成了一种沙声，把齿唇的颤动和内心的畏缩变成了卓越的口才和自信的行动。

当他看见别的孩子在操场上嬉笑、跳跃、东奔西跑，做着种种激烈的运动时，他也踊跃参加，从不退让。他和大家一样骑马、赛球、游泳、竞走，而且常常名列前茅。他常常以那些坚定勇敢的孩子们为榜样，自己也常常体验冒险的精神，勇敢地对付种种恶劣的环境。当他和别人在一起时，他总是用亲切和善的态度去对待身边的同伴，主动与他们接近。他深知上帝不会创造一个标准的人，只要自己心境舒坦快乐，一切都将顺利得好像预先安排好的一般。

缺陷造就了罗斯福一生的奋斗精神，这无疑是他经营一生伟业最可贵的资本。他绝不把自己看作一个懦弱无能的人，他经常自我鞭策，用有节律的运动和生活恢复自己的健康，使自己变成精力超众、强健愉快的人。他常常趁假期之暇到亚历山大去追逐牛群，到洛杉矶去捕熊，到非洲去捉狮子，看到他那种勇敢强壮的姿态，谁还会想到他就是曾在学校里受窘的那个小学生呢？

罗斯福因为有缺憾，才有了奋斗的动力，才有了坚韧的毅力，这一切又给他带来了人生的转机，可以说，缺憾成就了他一生的功名。事情往往如此，越是有缺陷的地方，越容易迸发出勃勃的生机。

事事追求完美是一件痛苦的事，它就像是毒害我们心灵的药饵，会让我们在痛苦和纠结中浪费时间和精力。我们应该像罗斯福那样，与其顾影自怜，不如静下心来好好数一数上天给自己的恩典。要知道，鲜花不是因为芬芳而圆满，而是因为既有芬芳又有凋谢；彩虹不是因为绚丽而圆满，而是因为经历了风雨，终现缤纷的色彩。

6.不要掉进完美的陷阱

每个人都想得到一个完美的人生，但正如苏东坡所言："人有悲欢离合，月有阴晴圆缺，此事古难全。"不完美才是真正的人生。有些人一味追求完美，一生都活在追逐中，活在对不完美的抱怨中，最后只能在痛苦中挣扎。

有个叫伊万的青年，读了契诃夫"要是已经活过来的那段人生只是个草稿，有一次誊写，该有多好"这段话后，打了份报告递给上帝，请求在他的身上搞个试点。上帝沉默了一会儿，看在契诃夫的名望和伊万执著的份儿上，决定让伊万在寻找伴侣一事上试一试。到了结婚年龄，伊万碰上了一位

绝顶漂亮的姑娘，姑娘也倾心于他。伊万感到很理想，很快便与姑娘结成夫妻。不久，伊万却发现，姑娘虽然漂亮，可她不会说话，做起事来也笨手笨脚，两人的心灵无法沟通。于是，伊万把第一次婚姻当成草稿给抹掉了。

伊万第二次的婚姻对象，除了绝顶漂亮以外，也绝顶能干和聪明。可没过多久，伊万发现这个女人脾气很坏，个性极强，聪明成了她讽刺伊万的本钱，能干成了她捉弄伊万的手段。两人在一起，他不像她的丈夫，倒像她的牛马、器具。伊万无法忍受这种折磨，便祈求上帝，既然人生允许有草稿，请准许有三稿。上帝笑了笑，允了。

伊万第三个结婚对象，不仅漂亮能干，脾气也很好。婚后，两人恩爱有加。不料，半年后，娇妻患上了重病，从此卧床不起，一张病态的黄脸很快抹去了她的年轻美貌，能干如水中之月，聪明也毫无用处，只剩下毫无魅力可言的好脾气。

伊万试探着问上帝能否再给他一次"草稿"和"誊写"的机会。上帝面有愠色，但想到试点，最后还是宽容地允许他再作修改。

伊万经历了这几次折腾，个性已成熟，交际也老练，最后终于选到了一位年轻漂亮又温柔健康，要多好就有多好的"天使"女郎。他满意透了，正想向上帝报告成功，向契诃夫称道睿智，不想，"天使"竟要变卦，她了解到伊万是一个朝三暮四、贪得无厌、连病中人也不体恤的浪荡男人，提出要解除婚约。

满腹狐疑的伊万在人生路上徘徊，忽见前方新竖一杆路标，是契诃夫二世写的："完美是种理想，允许你十次修改也不会没有遗憾！"

故事虽然是虚构的，但在生活中，"伊万"这样的人却很常见，对自己所拥有的总感到不满意，一次又一次地修改，执著地追求完美的人生，到最后只有满腹的不满与沮丧。

渴求完美的习性使许多人做事小心谨慎，生怕出错，这会导致其形成保守、胆小等性格特征。在现实生活中，我们不难发现，有的人长得一表人材，举止得体，说话有分寸，但你和他在一起就是觉得没意思，连聊天都没丝毫兴致。这些人往往是从小就接受了不出"格"的规范训练，身上所有不整齐的"枝杈"都被修剪掉了，失去了个性独具的风采和神韵，变得干巴枯燥，没有生机，没有活力。客观地说，人性格上的确存在着"缺陷美"，即在实际生活中，那些性格有"缺陷"而绝对不屈于十全十美的人反而显得更具有内在的魅力。

人的命运总有否泰变化，岁月有四季更替，走过漫漫长夜，才会见到黎明；饱受疾苦之后，才会拥有快乐；耐过寒冬，才无须蛰伏；落尽寒梅，才能迎来新春。人生似崎岖的山路一样，凹凸不平，总有缺憾，这才是人生。

7.不要为不完美而感到羞耻

生活中总是充满了不完美，它偶尔像乌云，有时又像电闪雷鸣、狂风暴雨，我们总会遭遇，不能逃脱。那么，我们该如何面对这样的不完美呢？

有一个小女孩，她自出生起，右脸就有一块青色胎记，就像《水浒传》里的"青面兽"杨志一样。小时候，她还不觉得有什么，但随着年岁渐长，周围伙伴异样的眼光越来越明显，她体会到了什么是自卑！从此，她就极少说话。

从10岁以后，她就蓄起了长发，因为她要用长发遮住那块丑陋的胎记。她在学校一言不发，老师们也不敢去碰触她的伤疤。

读初二时，班上来了一位新的女英语老师。英语老师年轻漂亮，但就是走路有点别扭，好像有点长短脚。

有一次英语课，老师点到了她的名字。她本能地想抗拒，但出于尊重，她还是站了起来，但她只是低着头，一言不发。老师仿佛早知道这种情况，便轻轻地说："放学后来办公室找我，你同意的话就点点头，行吗？"

女孩诧异地点了点头。

放学后，她等同学们都离开了，才往办公室走去。办公室里只有年轻的女老师一个人在。女老师关上门，拉上窗帘，然后轻轻地说了一句话："我给你看个秘密。"说完，她拉起了右腿裤子，露出了右脚。那只右脚小腿以下竟然是一根银色的钢柱！女孩心中涌起一阵同情，为自己，也为眼前的老师。

女教师笑了笑，说："我12岁的时候遭遇了车祸，醒来之后才知道自己没有了右脚。"她像是在说一件与自己毫无关系的事情，"之后我一直愤懑地想：'为什么遭受灾难的是我？'我怨恨上天，因为你无法想象一个原来能够自由奔跑的人突然失去这种权利后的痛苦。但后来，我渐渐发现，除了不能自由自在地奔跑，我还可以做很多其它我喜欢的事情，情况并没有我想象的那么糟糕。再后来，我装上了假肢，经过适应，渐渐也能自由奔跑了，你看！"说完，她还高兴地跳了跳。

女孩明白了老师想对自己说的话，是啊，自己想做的事情，难道就不能做了吗？

后来，女孩成了一名作家，这是她一直以来的梦想。

很多人因为自身的不完美而感到羞耻，怨恨上天的不公平。故事中的小女孩就是这样，她为自己脸上的胎记而感到羞耻，总是低着头。但这种羞耻又能带来什么呢？除了让她更厌弃自己，再没有其他。

人应该有羞耻心，却不应该是为自己的不完美，尤其是与生俱来的不完美而感到羞耻。我们应该以没有向完美努力而羞耻，应该以自己的怨天尤人而耻辱。

在很多追求完美的人看来，不完美永远都是瑕疵，它不可能登堂入室，取代美好的感觉。这其实就是一种心态问题，如果你因为一件事略带遗憾便感到惋惜，这本身无可厚非，但不去享受成功的喜悦，却一味地纠结于瑕疵的懊恼，那便是自讨苦吃了。

完美主义者总是十分高要求地对待每一件事。从某种角度上说，这是令事情做得更加出色的动力；但另一方面，却也是危险的信号。不懂得回味美好和痛苦的并存，就像一个幻想主义者，永远只能被自己所束缚，无法体会生活的惊喜。

彼得是美国职业橄榄球队员，他曾经效力过许多球队，并且每次都能神奇地带领球队取得傲人的成绩。在他退役的晚宴上，一位记者问道："彼得先生，在你的职业生涯中曾经取得多次辉煌的战绩，但有没有什么令你感到遗憾的呢？"

彼得笑道："当然有，我又不是上帝。"

记者饶有兴致地问道："那你是否为此而自责呢？"

彼得知道这位记者是有备而来，因为很多人都知道他当年在洛杉矶球队服役时，曾经在关键时刻因失误而使球队与联赛冠军失之交臂。虽然这件事已经过去了很久，但每次谈及，他都会被球迷评论一番。此时，面对记者的意有所指，彼得十分大度地说："你想说的是我在洛杉矶球队的那个赛季的事吗？虽然每次被问及此事时我都刻意回避，但那是经纪人考虑到我的形象而为我设计的策略。现在我退役了，说说也无妨。其实在当时我的确有些自责，但这件事对我的影响并没有大家猜想的那么严重。虽然这是一次重大失误，可哪个运动员的一生是完美无缺的？如果有一天我得了老年痴呆症，那么我想唯一记得的便是那次特殊的经历，因为这样我的人生才真正圆满了。"

记者又问："你是说你把这次失误当成一次美好的回忆吗？"

彼得想了想说："也不能算是美好的回忆吧，毕竟这事让我懊恼了好一阵子，但却是最难忘的记忆。"沉默片刻，彼得又补充道："现在每次回忆起来，我非但不会懊恼，反而认为这是丰富我人生的一次经历！"

人们渴望成功，渴望成功带来的满足感，这是人与生俱来的品质。但任何事情都有度的衡量，一味追求完美，追求胜利的步伐，便会很容易忘记胜利背后真正的含义。我们所做的一切，说白了无非是让自己体会快乐、充实和满足感。成功也好，完美也罢，都逃不出幸福感的圈子。

终究人无完人，金无足赤，当我们因为一次过错而令事情产生瑕疵时，需要提醒自己：瑕疵也是一种美。我们可以总结教训，让下一次不再出现同样的错误，但不应该为此而感到万分纠结，以至于深陷其中不可自拔。与其痛苦地被追求完美的欲望所牵累，不如改变想法，接受不完美的存在，把不完美当作一种另类的幸福体验，生活不是会更加美好吗？

8.不完美，并不代表不美好

真实的世界是一个不完美的世界，但在勇于挑战的人眼里，不完美的世界恰恰是一个丰富的世界。世界有阴暗有光明，人生有欢乐有悲伤，唯有世间这样多变，我们的生命才能显得那么可贵和不凡。

超市新进了一批样式新颖、色调分明的高档杯子，超市的经理相信这些杯子一定可以成为一批抢手货。

但奇怪的是，一个月过去了，购买这款杯子的顾客很少。看到如此漂亮的杯子，很多顾客先是一番大喜，但当拿到手里仔细观察后又都摇摇头。

经理百思不得其解，便请一位心理学家来帮他分析。

心理学家拿起杯子，仔细看了之后对经理说："你赶紧叫人把这批杯子上的盖子都拿下来，然后把杯子放在柜台上原价出售。这批杯子的杯身的确设计新颖，做工也很精细，但盖子上却有一处缺陷，顾客们很想买这个杯子，但又觉得买了有点吃亏。现在盖子一去，它们就成了完美的杯子了。"

没过多久，这批杯子就被抢购一空。

不完美是世界的一部分，也是人生的一部分，只有懂得这个道理，我们才不会错过上帝为我们准备好的美景，才能尽享人间风光。

　　只有经过磨砺的人生，才能累积出顽强的生命，只有经历世间的风风雨雨，才会懂得珍惜。人的一生，就是磨砺的一生，因此，学会接纳世界的不完美，学会接纳自己的不完美，敢于挑战苦难，是我们生命历程中无法逃避的选择。没有对苦难的挑战，就体会不到生命的甘甜，领略不到世间的风景。

　　完美主义者创造了很多伟大的东西，但不追求完美的人也创造了很多美丽的东西。断臂维纳斯，少了一只臂膀，却平添了深层之美。可见，不完美并不代表不美好。

　　美国斯坦福大学教授哈罗德·罗森堡曾说："思想有时需要具有某种粗糙，正如绘画有时需要用粗纹纸一样，只有具有这种品质的思想，才能与实际经验的本质相适应。"

　　有一位先生娶了一个体态婀娜、面貌娟秀的太太，这个太太长着柳眉凤眼、樱桃小口，眉清目秀，性情温和，美中不足的是长了个酒糟鼻子。好像失职的艺术家，对于一件原本足以称傲于世间的艺术精品少雕刻了几刀，显得非常突兀、怪异。

　　这位丈夫对太太的鼻子终日耿耿于怀。一日外出经商，行经贩卖奴隶的市场，宽阔的广场上，四周人声沸腾，争相吆喝出价，抢购奴隶。广场中央站了一个身材单薄、瘦小清癯的女孩子，正以一双水汪汪的泪眼怯生生地环顾着这群如狼似虎，即将决定她一生命运的男人。这位丈夫仔细端详女孩子的容貌，突然间，他被深深地吸引了。好极了！这个女孩子的脸上长着一个端端正正的鼻子，于是，他不计价格地买下了她。

这位丈夫以高价买下了长着端正鼻子的女孩子，兴高采烈地带着女孩子日夜兼程地赶回家，想给心爱的妻子一个惊喜。到了家中，把女孩子安顿好之后，他以刀子割下女孩子漂亮的鼻子，拿着血淋淋而温热的鼻子大声疾呼道："太太，快出来！我给你买回了最宝贵的礼物！"

"什么样贵重的礼物，让你如此大呼小叫？"太太疑惑不解地应声走出来。

"喏，你看！我为你买了个端正美丽的鼻子，你戴上试试。"

丈夫说完，便突然抽出怀中锋锐的利刃，一刀朝太太的酒糟鼻子砍去。霎时，太太的鼻梁血流如注，鼻子掉落在地上，丈夫赶忙用双手把端正的鼻子嵌贴在伤口处。但无论他怎样努力，那个漂亮的鼻子都无法粘在妻子的鼻梁上。

可怜的妻子，既得不到丈夫辛苦买回来的端正而美丽的鼻子，又失掉了自己那虽然丑陋但货真价实的酒糟鼻子，并且还受到了这无妄的刀刃创痛。而那位糊涂丈夫的愚昧无知，更是叫人可怜！

生活中也是这样，有些人以为自己在追求完美，其实，他们追求的是不完美中的完美，这种完美根本就不存在。

所谓美，只是一种看法，一种心态，一种追求。完美的标准是相对而言的，因人的审美观不同而不同，今天以胖为美，明天就可能以瘦为美。古人以脚小为美，如果今天有"三寸金莲"走在大街上，路人肯定会笑掉大牙。

所以说，完美并不代表真的美，只有合乎事物的规律才是真正的完美。

第二章

微笑向前，
爱上不完美的自己

1.爱上不完美的自己

　　你有没有过这样的感受？清晨，你站在镜子前面，仔细端详自己的脸庞，一会儿觉得自己的眼睛小了一点，一会儿又觉得鼻子不够挺拔；你觉得脸上的毛孔太过粗大，甚至还长了几颗小痘痘；你觉得自己的脸庞不够小巧，嘴唇不够性感，身材不够迷人……

　　相信不少人都有过这样的想法，总认为自己不够好，处处不如人，于是自惭形秽、悲观失望，乃至自卑自怜、自暴自弃，不能够从容地与人交往，更不能出色地发挥自己的才华和个性。

　　实际上，每个人都有自己的优势，同样地，也不可避免地有自己的不足，但这并不能够成为我们失意的借口。正如美国总统罗斯福的夫人艾莉诺·罗斯福所说："没有你的同意，谁都无法自卑。"如果你想掌握人生的主动权，那么当你对自己有不满、失意感和自卑时，请静下心来认真地检视自己，找到自己的价值所在，并且学会对自己说："我已经够好了！"

　　伊笛丝·阿雷德从小就特别敏感而腼腆，她长得很胖，脸又圆，这使她看起来比实际还胖得多。伊笛丝的母亲很古板，她总是对伊笛丝说："宽衣好穿，窄衣易破。"而母亲总照这句话来帮伊笛丝做衣服。所以，伊笛丝一直很自卑，从来不和其他的孩子一起参加室外活动，甚至不上体育课。她非常害羞，觉得自己和其他人都"不一样"，完全不讨人喜欢。

长大之后，伊笛丝嫁给了一个比她大好几岁的男人。她丈夫一家人都很好，也充满了自信，可这并没有改变她害羞的性格。尽管伊笛丝做了最大的努力想像他们一样，可她就是做不到。伊笛丝变得更加紧张不安，躲开了所有的朋友，情形坏到她甚至怕听到门铃响。

伊笛丝心里深深知道自己是一个失败者，又怕她的丈夫发现这一点，所以每次出现在公共场合时，她都会强颜欢笑，假装很开心。事后，伊笛丝又会为这个难过好几天。最后，她甚至觉得活下去已经没有任何意义，开始产生自杀倾向。

有一天，她的婆婆谈到了她怎么教育自己的几个孩子，她说："不管事情怎么样，我总会要求他们保持本色。"

"保持本色！"就是这句话，在一刹那之间，伊笛丝才发现自己苦恼不开心的原因，就是因为她一直不喜欢自己原来的样子。从此，伊笛丝开始本色地生活，她试着研究自己的个性、自己的优点，尽她所能地去学色彩和服饰知识，尽量以适合她的方式去穿衣服，还主动交朋友。她参加了一个社团组织，组织人要她参加活动，刚开始，她很害怕，但慢慢地，她的勇气不断增加，自信也不断增加，她获得了她期望已久的快乐，变得越来越喜欢自己。

时常对自己说"我已经够好了"，这实际上就是对自己的尊重与认可，也是成就自己的前提条件。用自信做后盾，学会自我拯救和自我完善永远是最重要的，也是赢得别人欣赏的方式。

回想一下，你没有高大的身材，但有渊博的学问也能让你看起来很高大；你没有美丽的容颜，可动人的声音同样可以让你受到瞩目；你不擅长演讲，但你很善于倾听，后者同样是一种让人喜欢的好习惯……

由此可见，你其实也是有优点的，你已经够好了。

这样做之后，对待生活和工作，你会更加从容、神采奕奕、朝气蓬勃、信心百倍，脸上永远泛着自信的光芒，并能够用热情感染周围的人，扫去别人脸上的阴霾，化解别人心中的苦闷。

对自己说"已经够好了"，并非自以为是、孤芳自赏，而是为了让我们更加清楚地认识自己的优点、肯定自己的价值。一个有价值又有自信的人怎么会被失意打败呢？每天信心十足地生活，有何不好？

对于喜欢体操的人来说，很少有人不知道那个金发、美颈、长腿，拥有无可挑剔的容貌和举手投足间的贵族气质，能给体操注入不同寻常的东西并散发出成熟女性美的俄罗斯体操皇后——霍尔金娜。霍尔金娜是体操界少有的奇才，她获得过1996年亚特兰大奥运会女子高低杠体操冠军和

2000年悉尼奥运会女子高低杠体操冠军。1995年~2003年，她共夺得了10枚世锦赛金牌，还夺得过3次欧锦赛全能冠军，连续5次夺得欧锦赛高低杠冠军。

雅典奥运会上，25岁的她带着奥运会三连冠的梦想而来。可惜，在一个跳转动作后，她出现了抓杠失误，坚持片刻后还是掉下了器械。最后，她只获得了8.925分，金牌拱手让人，霍尔金娜悲情谢幕。

然而，如一只高傲的天鹅的霍尔金娜，一向有自己与众不同的作派：赛前，她从来不热身；赛后，她也拒绝承认失败。在自由体操场地上完成最后一个动作后，她就走到了台下，不屑观看对手最后一轮的比赛。等她再出现在人们的眼前时，傲然的她一边展开俄罗斯国旗，一边向观众招手致意，俨然一派冠军风度，让记者们难以抉择应该把焦点对准她还是真正的冠军帕特森。这时，全场的观众都起身鼓掌，他们的掌声献给的不是冠军，而是美丽的冰美人霍尔金娜。

"我依然是奥运冠军，大家都还会记得我在亚特兰大和悉尼的表现。"霍尔金娜的潇洒和在她旁边为她失去金牌而默默流泪的队友成了鲜明的对比。

霍尔金娜就是这么自信，她说，在她的字典里，没有什么偶像，她的偶像就是她自己。所以，在霍尔金娜的人生中，她永远是自己的冠军，永远不会对自己失去信心。

每个人都是自己人生的主角，在这场以人生为背景的戏里，你的角色、戏份没有人能够取代，真正的偶像就是你自己。

在我们生命中有很多的不完美，但正因为这些不完美才让我们成为了自己。与其痛苦地挣扎在对与错的边缘，不如稳稳地坐在矛盾、隐晦中，好好享受错误中的喜悦。

不用去羡慕别人，不要总想着成为那个看似完美的别人，他是他，我是我，他永远都做不了我，我也永远都成为不了他。我们要做的只是好好爱自己，爱上不完美的自己，爱上自己的不完美。

2.不完美正是自己的独特之处

欣赏自己，不是鄙视别人的狂妄自大，而是源于对自己生命的珍视和热爱；欣赏自己，不是让自己成为"井底之蛙"，而是让自己抛弃浮躁后更成熟地走向远方。

孔雀来到天后赫拉的面前，抱怨自己的嗓音沙哑难听："您看，夜莺的歌声总是可以深深地打动人心，得到众人的喜爱。可我一开口，群鸟就会嘲笑我，这太不公平了！"

天后赫拉听到孔雀的这一番话后，安慰它说："你的嗓音不好,但你的身姿与容貌却是出类拔萃的,别忘了你在开屏的时候羽毛有多么的华丽富贵、光彩照人,人们也把孔雀开屏称之为一大美景呢!"

但孔雀依然不满意:"既然我的歌声不如他人,这种无言的美丽对我而言又有什么用呢?"

赫拉斥责孔雀说:"每个人都有自己的命运,这是命运之神安排的。她安排了你的美丽、夜莺的歌唱,也安排了老鹰的力量和乌鸦的凶兆。所有的鸟类都应当对神赋予它们的东西感到满意。"

面对天后的斥责,孔雀止住了自己的抱怨。

任何人都有专属于自己的精彩。孔雀的美丽是令人艳羡的,而它却不停地抱怨自己没有动听的歌喉,忽略了自己拥有的东西。现实生活中,很多人也在重复着孔雀的抱怨。

一个人如果想获得真正的成功和自由,就必须植根于自己的独特个性。忽视自己的个性或故意抹杀自己的个性,终将一事无成。因此,千万不要亦步亦趋地效仿别人,掩饰自己,舍弃自己。在前进的道路上,无论发生了什么事或将要发生什么,请记住一点:我们从来不会失去自己作为一个人的价值,没有什么能够拿走它。

懂得欣赏自己是一个人奋发向上、继续努力的无穷动力。人常说:求人不如求己。因此,最简单的让自己快乐的方法就是学会自我欣赏,适当地自我宽容、自我鼓励,从点点滴滴的自我完善中获得快乐。懂得欣赏自己的人是自信的人，他们总是带着同样欣赏的目光去欣赏别人，只是欣赏，而不是崇拜或者羡慕，这很容易使别人的优点变成自己的优点。懂得欣赏自己的人也是更会学习的人。美国著名的音乐家麦克约瑟说："你与自己的心交流，要赞美它，让它感到你对它的赏识，那时候，它才会向你释放灵感。"是的，只有学会欣赏自己，我们才能充分发挥自己的潜能。与其站在那里眺望别人的背影，不如坐下来静静地想一想自己走过的每一个坚实的脚印，只要努力寻找，我们就能发现自己的生活中亦有许多值得骄傲的地方。

　　著名的推销员乔·吉拉德总会在衣服上佩戴一个金色的"1"字。有人曾经问他："这是因为你是世界上最伟大的推销员吗？"他回答说："不是的，我是我生命中最伟大的！"

　　乔·吉拉德一直认为，这个世界上没有人能比自己更伟大，自己就是自己最大的财富，自己的声音与气息都是与众不同的。其实，他的这种自我肯定的坚定信念来源于他的生活经历。

　　35岁的时候，乔·吉拉德还是一个穷光蛋，他甚至连妻子与孩子的生活问题都无法解决。但是，偶然的一次演讲改变了他的命运。

　　在演讲会上，一个演讲者拿出一张崭新的10美元钞票，向坐在前排的乔·吉拉德问道："你想得到这10美元吗？"乔·

吉拉德当即就举起了手臂说："想要！"

演讲者又说："我会将这10美元给你，但在给你之前，我一定要将它弄一下。"说完，演讲者就把那张钞票揉皱了，接着问乔·吉拉德："你还想要吗？"

乔·吉拉德又一次高举起手臂，并坚定地说道："要！"

"好吧，"演讲者继续道，"我要是这样弄它呢？"当演讲者将那张钞票丢在地上，用脚使劲地踩过后，将它再次捡起来，它已经变得又皱又脏了。

"现在你还要吗？"演讲者又问他。乔·吉拉德仍然坚定地举起了自己的手臂，大声地说："要！"

"好啦，不管我如何虐待这张钞票，你仍然还想要。因为你也知道它虽然表面上看上去很惨，但它的价值却没有减损，它依然还是10美元！"演讲者对他说。

乔·吉拉德当即便明白了演讲者话中的深意，这次演讲让他充分认识到了"自己"这个最大的宝库。自此以后，他开始不停地向成功靠近，最终成为了"世界上最伟大的推销员"。

学会欣赏自己、包容自己，就是要学会欣赏自己的开朗自信，欣赏自己的聪慧大方，欣赏自己的平凡普通，欣赏自己的独一无二。

的确，每个人都是独一无二的，这个独特的"自己"既有优点，也有不足。只有充分地接纳自我，懂得欣赏自己、包容自己，才能自信地与人交往，出色地发挥自己的才能和潜力；

反之，如果总是以怀疑、否定的态度看待自己，就有可能限制甚至扼杀自己的创造力。事实上，在我们的身边因为自卑自怜、自暴自弃等各种心理原因而造成的悲剧事例实在太多了，不但给家人带来了痛苦，也给社会造成了损失。

欣赏自己并不是傲视一切的孤芳自赏，也不是唯我独尊的狂妄不羁，因为它不需要大动干戈的气势，也不需要改头换面。它只属于一种醒悟，一种面对困难时的自信，一种推动自己向挫折挑战的动力。

学会欣赏自己，就是在无人为我们鼓掌的时候，给自己一个鼓励；在无人为我们拭泪的时候，给自己一些安慰；在我们自惭形秽的时候，给自己一片空间、一份自信。然后抖落昨日的疲惫与无奈，抚去昨日的伤痛和泪水，去迎接明天崭新的朝阳。

3.不要拿别人的标准来衡量自己

每个人都是不同的，这注定每个人的人生都将是千差万别的。可是总有些人，习惯拿别人的标准来衡量自己，看见别人某方面比自己强，就心理不平衡，进而对自己提出各种苛刻的要求。

当然，也不是所有人都会成为我们衡量自己的标准，这些人一定要与自己有一定的联系。比如，你的举重比不上保罗·安德森，掷铅球比不上白利·欧布莱恩，跳舞比不上亚瑟·毛瑞。很显然，这都是事实。但你大概不会因此产生嫉妒之心，因为他们和你很遥远，扯不上什么关系。不过，如果你和他们是同行，那就另当别论了。

如果是睡在你上铺的和你成绩差不多的兄弟顺利考取了研究生，而你却落榜了；或者小时候与你一起玩耍的哥们儿这几年做生意发了财，而你还在拿着死工资熬日子……这些事情恐怕很难让你心平气和吧。也许你会为了争一口气而再次加入考研大军，也许你会为了像你的儿时玩伴一样风光地买车买房，也去下海经商。此时，你大概不会去考虑考研到底是不是自己现在的最佳选择，下海经商是不是你所擅长和喜欢的，你只是在拿别人的标准来衡量自己。如果你的尝试成功了则好，一旦失败了，就会严重挫伤你的积极性。

老张在还是小张的时候，就在县机关里上班。那时，他和他的一位同学都是从机关的基层干起，可是没过几年，那位同学就被调到了市里，后来又一路顺风地到了省里，官是越做越大，人也越来越意气风发。

可是老张呢？他的运气就没那么好了，他在那个位子上一待就是20年，从年纪轻轻熬到了斑斑白发，却还只是个小公务员。他一想到和自己同时毕业的那位同学如今已是省里的领导，心里就嫉妒得发狂。自己到底哪方面比他差？想当初在学校的时候，自己门门功课都比他好。再想想两人天壤之别的今日，老张就极为憋气，心里就像猫抓一样难受。

有一天下班，他心情不好，就去了一家餐馆，一个人在那里喝闷酒。因为人多，有人坐在了他的对面，看他闷闷不乐，就搭讪问他："看您心情不好，为啥事发愁呢？"

老张仰头喝了一杯酒，叹了一口气说："你不知道，我这辈子真够倒霉的，我在机关里熬了20年，如今还在原地踏步。"边说边给自己的酒杯倒满酒，"可是和我一起毕业的同学早就爬到省机关了，你说我怎么这么命苦呢？他有什么能耐？他凭什么受到重用？不就是嘴巴甜一点吗……"

看着并不比自己优秀的同学到了省里工作，自己却没有丝毫进步，这使得老张产生了严重的心理不平衡。如果没有他的同学作为参照物，即便不能升官，他也许还不会如此斤斤计较，心情也不至于如此低落。

拿别人来衡量自己、盲目地改变自己、要求自己，并不能让自己像别人一样成功，多半只会落个东施效颦的结局。

麦克斯·威尔医师在罗斯福执政期间，曾负责为总统夫人的一位朋友做一个手术。

事后，罗斯福夫人邀请他到白宫去。他在那里过了一夜，据说隔壁就是林肯总统曾经睡过的房间，他为此感到无比荣幸。

那天晚上,他想着隔壁就是总统睡过的房间,根本没有睡意,他开始用白宫的文具和纸张写信给母亲、朋友。

他在心里对自己说:"麦克斯,你真的来到白宫了,这是多少人梦寐以求的事情啊!"

第二天一早起来,他下楼用早餐,总统夫人已经等在那里了。他吃着盘中的炒蛋,心里想着回去以后该如何向自己的家人和朋友描述这个美好的情景。

但是,问题出现了,因为仆人又送来了一托盘的鲑鱼,而他什么都吃,就是不吃鲑鱼。

这时,罗斯福夫人指着总统先生,笑着对麦克斯说:"他很喜欢吃鲑鱼。"

麦克斯考虑了一下,心想:"我是什么人?怎么能怕鲑鱼?总统都觉得好吃,我就不能觉得很好吃吗?"于是,他切着鲑鱼,并混着炒蛋一起吃了下去。结果,他从下午开始就浑身不舒服,一直到晚上仍然非常想呕吐。

后来,麦克斯一直思索,这件事有什么意义呢?他在著作《心灵的慧剑》中写下了自己的感想:"很简单,其实我一点也不想吃鲑鱼,而且根本也不必吃,但我为了附和总统而背叛了自己。虽然这是件小事,很快就过去了,可是换个角度想,这不正是许多人为了成功最常碰到的陷阱之一吗?"

每个人都是独一无二的,不要企图向别人看齐,更不要拿别人的标准来要求自己，那只会适得其反。

玛丽·玛格丽特·麦克布蕾刚刚进入演艺圈的时候，想做一个爱尔兰喜剧演员，结果失败了。后来，她发挥了她的本色，做了一个从密苏里州来的很平凡的乡下女孩子，结果，她成为了纽约最受欢迎的明星。

金·奥特雷刚出道时，想要改掉他得克萨斯的乡音，为了使自己像个城里的绅士，便自称为纽约人，结果大家都在背后耻笑他。后来，他开始弹奏五弦琴，唱他的西部歌曲，最终成为了全世界在电影界和广播界最有名的西部歌星之一。

卓别林开始拍电影的时候，那些电影导演都坚持要卓别林学当时非常有名的一个德国喜剧演员，可卓别林直到创造出一套自己的表演方法之后，才开始成名。

上天并没有创造一个标准人，每个人都是不可替代的。你要敢于保持自己的本色，不必执著于同别人比高低。你只需按自己的样子生活，去寻找属于你自己的成功标准。

4.不要轻易否定自己

古希腊的大哲学家苏格拉底在临终前有一个不小的遗憾——他多年的得力助手，居然在半年多的时间里没能给他寻找到一个最优秀的闭门弟子。

事情是这样的:苏格拉底在风烛残年之际,知道自己时日不多,就想考验和点化一下他那位平时看起来很不错的助手。他把助手叫到床前说:"我的蜡烛剩不多了,得找另一根蜡接着点下去,你明白我的意思吗?"

"明白,"那位助手赶忙说,"您的思想光辉是得很好地传承下去……"

"可是,"苏格拉底慢悠悠地说,"我需要一位最优秀的传承者,他不但要有相当的智慧,还必须有充分的信心和非凡的勇气……这样的人选直到目前我还未见到,你能帮我寻找和挖掘一位吗?"

"好的、好的。"助手温顺地说道,"我一定竭尽全力地去寻找,不辜负您的栽培和信任。"

苏格拉底笑了笑,没再说什么。

从那以后,那位忠诚而勤奋的助手便开始不辞辛劳地通过各种渠道四处寻找。可他领来一位又一位,总被苏格拉底否定。

有一次,当那位助手再次无功而返时,病入膏肓的苏格拉底硬撑着坐了起来,扶着那位助手的肩膀说:"真是辛苦你了,不过,你找来的那些人,其实还不如你……"

"我一定加倍努力,"助手言辞恳切地说,"找遍城乡各地,找遍五湖四海,我也要把最优秀的人选挖掘出来举荐给您。"

苏格拉底笑了笑，不再说话。

半年之后，苏格拉底眼看就要告别人世，最优秀的人选还是没有眉目，助手非常惭愧，泪流满面地坐在病床边，语气沉重地说："我真对不起您，令您失望了！"

"失望的是我，对不起的却是你自己。"苏格拉底说到这里，很失望地闭上眼睛，停顿了许久，才又不无哀怨地说："本来，最优秀的就是你自己，只是你不敢相信自己，才把自己给忽略、耽误、丢失了……其实，每个人都是最优秀的，差别就在于如何认识自己，如何发掘和重用自己……"话没说完，一代哲人就永远离开了他曾经深切关注着的这个世界。

现实生活中，很多人常常自我否定，哪怕已经取得了不错的成绩，也总觉得自己一无是处。其实，我们应该学会肯定自己以往的努力，这样才有利于正确面对成功与失败。

失败没有什么可怕的，真正可怕的是遇到挫折和失败后不总结经验教训，然后重犯同样的错误；可怕的是遇到挫折和失败后丧失信心，否定今天，否定过去，否定自己所有的努力。

迈克是生活在美国加州的一个小男孩。一天，他穿戴好所有的棒球装备后，来到家中的后院。

"我是世上最伟大的击球手。"他自信地说出了这句话，说完后便把球扔到空中，然后用力挥棒，却打空了。不过他毫不气馁，接着把球从地上拾起来，又往空中扔，然后大喊："我是世界上最厉害的击球手！"他再次挥棒，结果仍然落空。

迈克愣住了，大概过了10分钟，他又仔细地对球棒与棒球进行了一番检查，然后再一次把球扔向空中，这次，他仍告诉自己："我是最杰出的击球手。"可第三次尝试依然以失败告终。

苦笑一番，迈克还是不甘心。他倔强地抿抿嘴，第四次将棒球抛向空中，并更加大声地说："我是世界上一流的棒球手。"结果球又戏剧般地落空了。直到第五次挥起球棒，迈克终于成功了，他击中了棒球。迈克兴奋地将球棒往地上一扔，在草坪上欢呼雀跃，还自嘲地大声对自己说："哈哈，原来我什么也不是，而是世界上最自信的棒球手。"长大后，迈克靠着自己十足的自信心，成为了美国最优秀的棒球运动员。

迈克能够取得成功，是因为他懂得欣赏自己，懂得肯定自己的努力。他不断尝试，不断失败，但不断给自己打气，不断肯定自己的努力，最终成为了一流的击球手。假如一个人不懂得欣赏自己，总是否定自己过往的努力，那就难以在失败中找回自信，难以在之后的人生道路上获得成功。

5.做自己擅长的事

在实际生活中，很多人面临过这样一个困惑：同样一件事，为什么别人做得顺风顺水、洒脱自如，自己却力不从心，甚至步履艰难？在你为此感到失意之时，请先问问自己是否在做自己能做的事？

有一位登山运动员，他曾经有幸参加了攀登珠穆朗玛峰的活动。珠穆朗玛峰的最高海拔为8844.43米，当爬到海拔6400米的高度时，他的身体出现了严重的不适，不得不停下来，返回基地。

事后，有人为他惋惜，为什么不再坚持下去，再攀登一点高度，就可以越过6500米的登山死亡线。他回答得很干脆："不，我自己最清楚，6400米的高度是我登山能够攀登到的最高处，我一点都不感到遗憾。"

对于这位登山运动员来说，6 4 0 0米就是他的极限和最大的承受能力，就是他攀登生涯中最高的高度。他懂得保存自己的实力，淡然自若地只做自己能做的事。

当我们在成功路上屡屡摔跤，对某件事情力不从心、备感失意的时候，我们不应该悲观失望、自暴自弃，而应该静心沉思,好好想一想,自己是不是为了成功而挑战了自己的极限,做了自己无能为力的事情?

很久以前,动物们决定创办一所学校以应付日益变化的世界的需要。学校开设了多项课程,如跑、跳、爬、游泳、飞行等。为了便于管理,动物们要学习所有的科目。

第一批学员有鸭子、兔子、松鼠、鹰以及泥鳅。

鸭子在游泳这门课上表现相当突出,甚至比它的老师还要好,可对于飞行这门课,只能勉强及格,而对跑这门课,则感到非常吃力。由于跑得慢,它不得不每天放学后仍留在学校里,放弃心爱的游泳以留出时间练习跑步,它不停地练习,脚掌都磨破了, 到期末考试时也只是获得了勉强及格的成绩。而它的游泳科目由于长期得不到练习,期末时只获得了中等成绩。

兔子在刚开学时是班级里跑得最快的,由于在游泳科目中有太多的作业要做,它不得不整天泡在水里,结果精神都泡得快崩溃了。

松鼠的成绩一向是班里最出色的, 但在飞行科目上,它感到非常沮丧,因为它的老师只许它从地面起飞,而不允许从树顶上起飞。由于它非常喜欢跳跃,并花了很多时间致力于发明一种跳跃的游戏,结果期末考试时,爬行科目只得了个及格,跑得了个良。

鹰由于活泼好动,一开始就受到老师们的严格管制。在爬行课上的一次测验中，它战胜了所有的同学，第一个到达了树的顶端，但它用的是自己的方式而不是老师教授的那种方式，因此，它并没有得到老师的表扬。

学期结束时公布成绩，普普通通的泥鳅同学，由于游泳还马马虎虎，跑、跳、爬成绩一般，也能飞一点，因此，它的成绩是班里最高的。毕业典礼那天，它作为全体学员的代表在大会上发了言。

这就是美国教育家里维斯博士所写的寓言故事《动物学校》。看到鸭子学跑步、兔子学游泳、松鼠练飞翔……你是不是觉得很滑稽，会哑然一笑？但你想过吗，你可能就是它们其中的一员。

比如，或许你是一个技术型的员工，不懂管理，但你却忽略了自身的优势，一心向往行政职务上的升迁。如此，即使你在这方面再努力，进步也是有限的，很难得到公司的提拔。即使你真的有幸被提拔为管理人员，你的能力也很难适应新岗位，做不出理想的业绩，迟早会退下来。

所以，我们有必要静下心来检视自己，承认自己的能力和局限。这样，我们才能知道自己能够做什么事情，然后加以实行，量力而为，让自己有限的生命发出适度的光和热，从自我否定的状态中获得解放。

有一个小男孩很喜欢柔道，一位著名的柔道大师答应收他为徒。然而，还没有来得及开始学习，小男孩就在一次车祸中失去了左臂。那位柔道大师找到小男孩，说："只要你想学，我依然会收你为徒。"于是，小男孩在伤好后，就开始学习柔道。

小男孩知道自己的条件不如别人，因此学得格外认真。3个月过去了，师父只教了他一招，小男孩感到很纳闷，但他相信师父这样做一定有自己的道理。又过了3个月，师父反反复复教的还是这一招，小男孩终于忍不住了，他问师父："我是不是该学学别的招术？"师父回答说："你只要把这一招真正学好就够了。"

又过了3个月，师父带小男孩去参加全国柔道大赛。当裁判宣布小男孩是本次大赛的冠军时，他自己都觉得不可思议。只有一只手臂的他，第一次参赛就以唯一的一招打败了所有对手。回家的路上，小男孩疑惑地问师父："我怎么会以这仅有的一招得了冠军呢？"师父答道："有两个原因：第一，你学会的这一招是柔道中最难的一招；第二，对付这一招的唯一办法是抓你的左臂。"

只要找到突破口，谁都是可用之才。而对于每个人来说，自身的缺陷在某种情形下正是自身的优势所在，而这种优势是独一无二的，别人无法模仿的。

在1955年以前，乔羽先生创作了各类文学体裁的作品，但就是没有什么真正意义上的成功。1955年，他受邀为电影《祖国的花朵》创作了歌词《让我们荡起双桨》，使他一举成名。从那以后，很多电影导演都请他写歌词。这时，他也才真正意识到歌词创作是他独特的优势。于是，他决定不再写其他文学，专攻歌词创作这一项。后来，他成为了国内著名的词作家，创作出了很多优秀作品，包括《我的祖国》《难忘今宵》等经典歌曲。显然，在歌词创作领域，乔羽先生凭借自己独一无二的优势取得了独一无二的成功。

歌德曾经说过："每个人都有与生俱来的天分，当这些天分得到充分发挥的时候，自然能够为他带来极致的快乐。"如果你也希望不断体验到这份快乐，就要从自己的长处着眼，抓住机会充分发挥这份优势。如果你丢开自己的天赋和优势，在不擅长的领域里寻求发展，你很快就会发现，自己就像在泥潭里挣扎一样，无论做什么，都难逃越陷越深的失败命运。

面对失败，你也许会说："我实在太平凡了，根本没有什么特殊才能。"你之所以会有这种想法，是因为你还不知道自己的特长在哪儿。当你了解了自己的长处，并将其充分发挥出来之后，相信你很快就会绽放出最亮丽的光芒，成就辉煌的人生。

我们往往更关注自己的劣势在哪里，却忽视了优势；我们总是沉溺于对自我的责备中，却很少积极地认同自己；我们更乐于取长补短,却很少灵活地扬长避短。因此,我们的悲哀不在于缺乏才能,而在于没有发现才能。

6.仔细聆听你的潜能

也许,你的人生此刻走进了一个"死胡同",似乎自己的事业已经到达了巅峰期,再怎么努力也没有进步,高薪高职的机会总不青睐自己。你是不是在悲叹自己没有能力,好运总不降临。

其实,即便人生多么失意,你也并非一无所有,因为你还有一个最大的成功资本——潜能。何谓潜能? 潜能是蕴涵在我们体内的能量,它的力量巨大得难以估计,不过,它是一个处于休眠状态的巨人。

如果你无视潜能的存在,不懂得开发潜能的力量,潜能就会一直处于休眠状态,如此一来,你就无法利用它的巨大能量为自己取得更高的成就,无法前进,失意自然是难免的。

知道了这个道理后,失意时,不妨静下心来,来一场探寻自我的旅程。感受自己体内的潜能,唤醒它,不断地挖掘它,总有一天,展现在你面前的将是拥有无限可能的生活。

那些大有成就的风云人物们之所以能从平庸走向卓越，之所以能够取得令人瞩目的成就，并不是他们受到了多少好运的眷顾，而是他们能够静心聆听自己的潜能，使潜能得到充分的开发。

香港"湾仔码头"品牌的速冻饺子非常受欢迎。尤其是近些年，"湾仔码头"牢牢占据了速冻饺子市场的半壁江山，而其创始人臧健和女士，则是在优势行业创造财富的典型代表。

臧健和女士是山东人，作为北方人的她包饺子十分在行。年轻时，她辗转来到了香港，开始了创业之路。一开始，她进行过股票、房地产等投资，但都失败了。后来，她想到了自己包饺子的技术，就想着把它当作自己终生的事业来发展。她想：自己对别的行业都不熟悉，可包饺子却非常熟练，这不就是自己的优势吗？优势利用好了就是机遇。

下定决心后，臧健和女士就开始了她包饺子的事业。第一天卖饺子，她的心情忐忑不安。当时有几个打网球的年轻人，循着热气四溢的香味走了过来。他们说，从来没见过"北方水饺"，想尝一尝。臧健和女士恭恭敬敬地把水饺端给他们，然后盯着他们的表情。没想到，几个年轻人异口同声地说好吃，后来又吃了第二碗。

就这样，臧健和女士的事业顺利开张了。不过时间一长，问题也来了。有一次，她在码头卖水饺，发现一位顾客吃完水饺后,把饺子皮留在了碗里,她忍不住上前询问,那个顾客毫不客气地告诉她说:"你的饺子皮厚得像棉被一样,让人怎么下得了口。"

的确,臧健和女士最初的水饺是典型的北方包法,皮厚、味浓、馅肉肥腻,这并不适合香港人的饮食习惯。于是,她针对香港人的口味,对饺子制作加以改进,最后制作出了让香港人称赞的水饺。

就这样,臧健和的事业一步步发展壮大,最终创立了"湾仔码头"品牌,成为了华人地区销量名列前茅的饺子品牌。在事业成功后,她无尽感慨地说:"在我刚到香港的时候,好多人都劝我做其他生意,可我说我就会包饺子。现在回过头来再看,我的选择是正确的,这个行业我非常熟悉,无论调馅还是擀皮,都是我所精通的,这是我成功的关键。"

不管是从事何种职业的人,都必须了解自己的潜能,确定最适合自己的发展方向,否则很可能会埋没自己的才能,最终一事无成。俗话说:"女怕嫁错郎,男怕入错行。"只有找准自己的位置,你的才华才能最大限度地爆发出来。

诚然,潜能的力量是巨大的,但唤醒潜能有着相当的难度,因为它所需要突破的是隐存于自己内心的自我围墙,是在自我与环境中摸索出突破的方向,不做出一番努力是无法达到的。

哈里·莱伯曼先生是位著名的制药专家，80岁才离开顾问的岗位真正退休。他退休后常到俱乐部去下棋，以此来消磨时间。

有一天，女办事员告诉他，往常那位棋友因身体不适，不能前来作陪。看到老人失望的神情，这位热情的办事员便建议他到画室去转一圈，还可以试着画几下。

"你说什么，让我作画？"老人哈哈大笑，"我从来没有摸过画笔。"

"那不要紧，试试看嘛，说不定您会觉得很有意思呢！"

在女办事员的一再坚持下，哈里·莱伯曼来到了画室。过了一会儿，那个女办事员又跑来看看老人"玩"得是否开心。

"太棒了，老先生，您刚才一定是在骗我，您简直是一位名副其实的画家。"看着老人画的画，女办事员笑着说。

不过，老人之前说的全是实话，这确实是他第一次摆弄画笔和颜料，以前从未发现自己有绘画的才能。

提起当年这件往事，老人颇有感慨地说："我开始很不适应退休后的生活，那曾是我一生中最忧郁、最难熬的时光。那位女办事员给了我很大的鼓舞，从那以后，我每天都去画室，从作画中，我又找到了生活的乐趣。从事一项力所能及的有意义的活动，会使人感到又投入了朝气蓬勃的新生活。"

后来，绘画对于这位八旬老人来说，已经不仅仅是一项单纯的消遣活动了，他对作画产生了浓厚的兴趣。82岁那年，老人还去听了绘画课，一所学校专为成年人开办的十周补习课程。这是老人有生以来第一次系统地学习绘画知识。第三周课程结束的时候，老人直率地抱怨任课教师画家拉里·理弗斯："您给每一位学员都讲得耐心细致，对我却从来不给予帮助和指导，甚至连一句话也不说。这是为什么？"显然，老人有些不高兴了。

"先生，因为您所做的一切，我自己实在是赶不上，我怎么敢妄加指点呢？"拉里·理弗斯说得情真意切，还自愿出钱买下了老人的一幅作品。

人的潜能有时是极其惊人的。就这样，不到4年的光景，哈里·莱伯曼的许多作品先后被一些著名收藏家购买，并登上了博物馆的大雅之堂。

1977年11月，洛杉矶一家颇有名望的艺术品陈列馆举办了第23届画展：哈里·莱伯曼101岁画展。

这位百岁老人笔直地站在入口处，迎候参加开幕仪式的400多名来宾，其中有不少画家、收藏家、评论家和新闻记者。老人身材瘦长，脸上皱纹已深，下巴留着一撮胡须，头发花白，却精神焕发，衣着整洁，看上去最多不过80多岁。其作品中表现出来的活力，赢得了许多参观者的赞叹。美国艺术史学家斯蒂芬·朗斯特里特热情洋溢地赞美道："许多评论家、艺术品收藏家，透过这种热情奔放、明快简洁的艺术，看到了一个大艺术家的不凡手法。"

每个人都有自己的优势，只有找到了自己的优势，你才能在相应的行业内做得得心应手，最终获得成功。

不必惧怕未来的道路有多难行，不必忧心纠结于自己的不完美，当一切不如意的时候，不妨静下心来，挖掘蕴涵在我们体内的潜藏力量，如此，我们必将会迎来凤凰涅槃的重生，"会当凌绝顶，一览众山小"。人生如此，该是何等的洒脱惬意。

7.天赋，要自己去寻找

"三百六十行，行行出状元"，通向成功的道路有许多条，在不同领域、不同行业，人们取得成功所需的才能和智慧是不一样的。许多人之所以能够成为所在领域的佼佼者，是因为他们发现和发展了自己的特长。关于这一点，我们可以奥运会金牌得主、著名的美国跳水运动员格里格·洛加尼斯为例。

美国跳水运动员格里格·洛加尼斯上学的时候很害羞，在讲话和阅读上遇到了困难，为此，他经常受到同伴的嘲笑和捉弄。这令洛加尼斯非常沮丧和懊恼，但他发现自己非常喜欢并且精通舞蹈、杂技、体操和跳水。他知道自己的天赋在运动方面而不是学习。当认清这些之后,他开始专注于舞蹈、杂技、体操和跳水方面的锻炼,以期脱颖而出,赢得同学们的尊重。由于他的天赋和努力,他开始在各种体育比赛中崭露头角。

但上中学时,洛加尼斯渐渐发现自己有些力不从心了,因为无论是舞蹈、杂技、体操还是跳水,都需要辛勤的付出,他不可能有时间和精力去做这么多事,必须要有所舍弃,只专注于一个目标。但他不知要舍弃什么、选择什么。这时,他幸运地遇到了他的恩师乔恩——一位前奥运会跳水冠军。经过对洛加尼斯的观察和询问后,乔恩得出结论:洛加尼斯在跳水方面更有天赋。洛加尼斯在经过与老师的详细交谈后,认为自己的确更喜欢跳水,他认识到,自己以前之所以喜欢舞蹈、杂技、体操,是因为这些可以服务于他的跳水锻炼,可以为跳水带来更多的花样和技巧。想到这里,他恍然大悟,于是专心投入到了跳水中。

经过专业训练和长期不懈的努力,洛加尼斯终于在跳水方面取得了骄人的成就。由于对运动事业的杰出贡献,洛加尼斯在1987年获得了世界最佳运动员和欧文斯奖,达到了一个运动员荣誉的顶峰。

尽管在学业上的表现不甚理想,但聪明的洛加尼斯找到了自己在运动上的天赋,并依靠此天赋获得了辉煌的成就。可见,好钢要用在刀刃上。找准自己的天赋,充分发挥自己的优势，个人的价值才能得到最大的体现。

想要从社会这个大舞台上脱颖而出，就要找到自己的天赋，施展自己擅长的本领，将之当作利器，拼杀出一片属于自己的天空。

你就是某领域的"佼佼者"，不用对此有怀疑。不过，由于天赋是一种针对特别的东西或领域的天生敏感性，需要对自身的性格、个人能力、兴趣爱好、思维能力等进行全面清楚的考虑，因此，我们往往需要很长时间来进行摸索和尝试，才能找到自己的天赋。

1978年的4月1日，胡厚培迎来了他的第一个孩子——胡一舟。就像愚人节的一个玩笑一样，他很快发现自己的孩子智力有问题，并通过医院得到了证实。医生告诉他：胡一舟的基因发生了变异，第21对染色体多了一条，这种情况在医学上被认为是先天愚型患者，属于智力残疾，并且是医治不了的。20年的时光弹指而过，胡一舟的智商水平一直在30左右，而正常人的智商则在70以上。20余岁的他，只会从1数到5，他那厚厚的作业本里只有一道"3+2=5"的数学题。因为语言障碍，没有逻辑思维能力，胡一舟无法上学，几乎不识字。尽管父亲不断用自己的爱心和耐心来锻炼儿子的智力，不厌其烦地教儿子数数，认简单的字，但是，无论胡厚培动多少脑筋，制作多少卡片，胡一舟就是学不会。

但是先天的愚钝并没有妨碍胡一舟对音乐的感悟，在乐团工作的父亲经常把他带在身边, 并让他参加乐队的排练。或许是从小就不断受到熏陶的缘故,长期的耳濡目染使胡一舟爱上了音乐,当乐队演奏的时候,他经常不由自主地舞动双臂,好像他在指挥着乐队演奏。一次偶然的机会,胡一舟竟拿着指挥棒成功地指挥了乐队的一次演奏,让大家感到无比惊讶和意外。这个连最简单的数字都不会数认,甚至连自己的名字都不会写的孩子,竟然能表现出交响乐中的节奏、强弱、声部的转换等,并且把老指挥的动作模仿得惟妙惟肖,简直太不可思议了。

就这样,6岁的胡一舟被乐团首席第二小提琴手刁岩收为弟子,学习乐团指挥。十多年的音乐熏陶使胡一舟能熟记十多部中外名曲的旋律,并能惟妙惟肖地模仿乐团指挥家的指挥动作。几年以后,胡一舟成了世界第一个智力有障碍的指挥,声名传遍了世界。

以胡一舟的智力而言,他再学20年数学,也只能多会几道简单的数学题,但这对于他的人生来说又有什么帮助呢? 他尽力弥补的是一个永远也弥补不了的缺口。幸运的是, 胡一舟及早地放弃了在其他方面与别人争得平等的努力,发现了自己的音乐天赋。在对音乐的追求中,他得到了人生的快乐, 获得了精神的满足, 这足以让他的人生更具非凡的意义。

如果我们教乔丹去踢足球, 我们将失去一位伟大的篮球巨星；如果我们教马拉多纳去打篮球，结果也一样。爱因斯坦做不了音乐家，贝多芬也做不了科学家，天才只属于某一专长的领域，而不可能、也没有必要精通一切。所以，一个人有某方面的缺憾绝不代表他整个人生的失败，胡一舟正是这样一个生动的例子。在生活中，他可能是个需要人照顾的孩子，可站在台上，他却能指挥全场，挥洒自如。请相信，每个生命都有他存在的理由，每个生命也都有他精彩的一面。

8.拥抱自己的缺点，与不完美和解

我们每个人都有着胜人一筹的优点，同时也有着不可避免的缺陷。对于自己的不足，很多人喜欢讳疾忌医，想尽办法来掩饰自己的缺点，自欺欺人。其实，正视自己的缺陷，拥抱自己的缺点，才是对待自身的不足该有的态度。

弗兰克毕业于美国著名的西点军校，他最大的愿望就是成为一名职业军人。可天不遂人愿，在一次战役中，弗兰克的左小腿被手榴弹的散碎片击伤。为了保住弗兰克的性命，医生不得不切除他的小腿，为他装上假肢。之后的很长一段时间,弗兰克一直活在沮丧和痛苦中,因为受过严重创伤的军人很少能继续担任有行动任务的职务。

几年以后,弗兰克要带领一个中队去一处地形复杂的地方演习。他的上级担心他不能胜任这项工作,而弗兰克却坚定地说自己可以,并且说:"这甚至可使我与兵士更亲近。如果我的假肢陷在烂泥里了,我会告诉他们,这是由于我没有两条完整的腿。"

如今,弗兰克已经是一个四星级将官了,而且既可以跑步,还能稳稳地骑自行车。他说:"失去一条腿,教会了我一个道理,那就是一个人受自己缺陷的限制是可大可小的,这完全取决于你自己如何看待和处理它。关键是应该注意发挥你所具有的长处,而不是老想着你的缺陷。"

正如弗兰克说的那样,我们不应把自己的缺点当成精神负担,而应该选择一种乐观、进取的态度去拥抱和接纳自己的缺点。只有这样,我们才能更清楚地了解自己,接纳自己,进而扬长避短,为人生的下一个目标扫除障碍。

一些成功者,他们之所以能取得成功,就在于他们能正视和拥抱自己的缺点,把那些在一般标准下的欠缺或不完美变成获取成功的优势。

曾长期担任菲律宾外长的罗慕洛穿上鞋时身高只有1.63米。他曾因自己的身材自惭形秽。年轻时,他也穿过高跟鞋，但这种方法终令他感到不舒服——精神上的不舒服，他觉得这样做是在自欺欺人，便把鞋给扔了。谁能想到，罗慕洛后来取得的许多成就都与他的"矮"有关，也就是说，"矮"反而促成了他的成功，以至于他说出了这样的话："但愿我生生世世都做矮子。"

1935年，大多数美国人尚不知道罗慕洛为何许人也。那时，他应邀到圣母大学接受荣誉学位，并发表演讲。那天，高大的罗斯福总统也是演讲人。事后，他笑吟吟地怪罗慕洛"抢了美国总统的风头"。更值得回味的是，1945年，联合国创立会议在旧金山举行，罗慕洛以无足轻重的菲律宾代表团团长身份应邀发表演说。讲台差不多和他一般高，等大家静下来，罗慕洛庄严地说出了一句话："我们就把这个会场当作最后的战场吧。"这时，全场登时寂然，接着爆发出一阵掌声。最后，他以"维护尊严、言辞和思想比枪炮更有力量……唯一牢不可破的防线是互助互谅的防线"结束演讲时，全场响起了热烈的掌声。后来，他分析道：如果大个子说这番话，听众可能会客客气气地鼓一下掌，但菲律宾那时离独立还有一年，自己又是矮子，由他来说，就有意想不到的效果。

由这件事，罗慕洛认为矮子比高个子有着天赋的优势。矮子起初总被人轻视，后来有了表现，别人就觉得出乎意料，不由得佩服起来，在人们的心目中，成就也显得格外出色，以至于平常的事一经他的手，似乎就成了石破天惊之举。

的确如此，很多时候，缺陷在一定的情况下可以转化成优势，帮助自己取得更好的效果。

生活中，对自己要求苛刻的人绝不在少数。我们要知道，世间万物皆有缺陷，万事不可求全，所以，我们要学会接纳，特别要学会接纳自己。学会接纳自己，最主要的是要懂得接纳自己的缺点，这样，我们才能在平凡的生活中获得快乐。

生活中，假如你一直无法原谅自己的错误，天天责备自己的不足，早晚会出现精神忧郁、神经紧张等问题，进而影响到自己的身心健康。如此往复，快乐会离你越来越远。反过来，如果你能正确认识自己的优缺点，然后接纳自己，就能有一个很好的价值观，并以宽容的眼光来看待自己和周围的一切。这样，你就能体味到生活中点点滴滴的幸福，进而拥有一个美好的人生。

没有完美的世界，也没有完美的事物，更没有完美的你。对自己严格是一件好事，但要是过于苛责自己，就会把自己逼入痛苦的深渊，难以自拔。敢于认同自己的不足和缺憾，坦然接纳自己，你才能拥有美好的人生。

9.别总羡慕他人的"完美"，安心做最好的自己

生活中，如果你稍加留意，就会听到诸如此类的话："我真羡慕小王，年纪轻轻就在一家外企做了经理，一个月的薪水抵得上我一年的工资。""老高真是太幸运了，竟然娶到了市委书记的妹妹。""我的儿子要是能有邻居小孩那样乖就好了。"有人羡慕别人身在高位，有人羡慕别人生在一个富贵的家庭，有人羡慕别人的孩子懂事……羡慕什么的都有。

偶尔羡慕一下别人实属人之常情，但是，如果一味地拿别人的长处和自己的短处比较，那么比较来比较去，你就会比较出一肚子的郁闷。

有一天，上帝突发奇想，他想看看世间万物是否对自己的现状满意，于是就问众生："如果让你们再活一次，你们还会选择这样的活法吗？"

牛首先开口了："假如让我再活一次，我愿做一头猪。我吃的是草，挤出的是奶，一天到晚要干那些力气活，却从来没人给我一句鼓励的话，天天那么辛苦，有时候还要忍受皮鞭的痛苦。做猪多快活，吃了睡，睡了吃，肥头大耳，生活赛过神仙。"

猪说："假如让我再活一次，我要当一头牛。虽然每天吃

得不如现在好，还要干那些力气活，但名声好。我们在人眼里就是好吃懒做、傻瓜笨蛋的代名词，连骂人都要说'蠢猪'，我们的下场都很惨。"

老鼠说："假如让我再活一次，我要做一只猫。从生到死都由主人供养，即使每天什么也不干，也有饭吃。不像我们，成天要东躲西藏，过着提心吊胆的生活，还经常饿肚子。"

猫说："假如让我再活一次，我要做一只老鼠。有一次我偷吃了主人的一条鱼，差点被主人打死，而老鼠却可以在厨房翻箱倒柜，大吃大喝，人们对它也无可奈何。"

老鹰："假如让我再活一次，我愿做一只鸡，有吃有喝，有自己的住房，平时还受到主人的保护。哪像我们，一年到头总在外面漂泊，风吹雨淋，还要时刻提防冷枪暗箭，活得多累呀！"

鸡说："假如让我再活一次，我愿做一只老鹰，可以自由地翱翔天空，还可以任意捕兔捉鸡。而我们除了生蛋、司晨外，每天还得提心吊胆，一来怕被主人宰杀，二来担心被老鹰捕获，每天都惶惶不可终日。"

女人说："假如让我再活一次，我一定要做个男人，什么家务都不用做，下班回家只等着老婆把饭菜端上来就可以了，还可以经常出入酒吧、餐馆、舞厅。"

男人说："假如让我再活一次，我要做一个女人，即使不学无术，只要长得漂亮，一句嗲声嗲气的撒娇，一个朦胧的眼神，都能让那些正襟危坐的大款们神魂颠倒。根本就不用像现在这样拼命地在外面打拼，遭受别人的白眼，还得忍气吞声。"

······

还没等其他动物开口，上帝就哈哈大笑起来，说道："看来你们都只看到别人的好，却忽略了自己的优点。既然如此，还是一切照旧，你们还是做自己吧！"

人们总喜欢羡慕别人，却忽略了自己所拥有的。其实，每个人的存在都自有其意义，只有懂得安心做自己的人，才是智慧的人。

意大利著名影星索菲娅·罗兰用自己动人的风采和卓越的演技给人们留下了深刻的印象。她的美不是静止的，不是平面的，而是以一种最最浓烈的方式留在了电影中。1961年，她获得了奥斯卡最佳女演员奖。很多导演都由衷地说，与索菲娅·罗兰的美丽相比，奥斯卡简直不值一提。

然而，索菲娅的从影之路刚开始并不顺利。

16岁的索菲娅一个人来到罗马，想要成为一名演员，但她的长相阻碍了她。刚到罗马时，她听到的几乎全是自己个子太高、臀部太宽、鼻子太长、嘴巴太大等非议，把她说得没有一点做演员的资格。

不过很幸运的是，一位制片商看中了她，但这并不代表她的事业从此就一帆风顺了，索菲娅去试了许多次镜，但摄影师都抱怨无法把她拍得更美艳动人。制片商听到摄影师的抱怨,便对索菲娅说:"索菲娅,如果你真想干这一行,我建议你把你的鼻子和臀部'动一动',做一次整容手术,那样会更好一些。"

如果是没有主见的人,面对这次千载难逢的机会,很可能会按照制片商说的去做。但索菲娅是个有主见,不愿意随波逐流的人,她想靠自己内在的气质和精湛的演技来征服观众,于是断然拒绝了制片商的要求:"对不起,我不能这样做。我就是我自己,只有做好了自己,我才能向别人学习,这是我的原则。虽然我的鼻子很长,但它是我脸庞的中心,它赋予了我脸庞的独特个性,我很喜欢它。至于别人怎么说,我无法改变,我只要坚持我的原则就够了。"

虽然很多议论对索菲娅都很不利,但她没有因为别人的议论而停下自己奋斗的脚步,反而越挫越勇。从17岁正式进入电影界开始,她一生拍了100多部影片。在不断的锻炼中,索菲娅·罗兰的演技达到了炉火纯青的程度,她的善良和纯情也赢得了观众的喜爱。

事业取得成功后,索菲娅刚出道时遭到的那些诸如鼻子长、嘴巴大、臀部宽等议论全都不见了,取而代之的是更多的好评,以前的缺点也成为了当时评选美女的标准。20世纪末,索菲娅·罗兰已经60多岁了,但她仍然被评为那时"最美丽的女性"之一。

当后来有人问起索菲娅·罗兰的成功时,她是这样回答的："我谁也不模仿，我不去奴隶似的跟着时尚走，我只做我自己。当你把自己独特的一面展示给别人的时候，魅力也就随之而来了。"

如果总是把目光盯在别人身上，一味地羡慕他人，抱怨别人拥有的太多而自己所得的太少，就会在失去自己的同时，也失去做人的快乐。

所以，从现在开始，把你羡慕的眼光从别人身上收回来，努力做好自己，将自己的才能发挥到极致，这才是聪明人的做法。

第三章

苟求完美，
会崩断人生的琴弦

1.苛求完美会崩断人生的琴弦

没有人能达到至善至美的境界,让所有人都满意。完美只是一座心中的宝塔,你可以在内心向往它、塑造它、赞美它,但你不可能把它当作一种现实存在,否则只会使你陷入无法自拔的矛盾之中。

詹姆士从小就过着贫苦的生活,所以他十分羡慕富人的生活,觉得那样的人生才是完美的。为了过上自己眼中完美的生活,詹姆士每天都十分努力,课余时间不是在图书馆学习,就是在快餐店打工。

凭着自己的努力,詹姆士靠打工挣的钱读完了中学,并考上了大学,此时,他觉得自己离完美已经越来越近了。大学毕业后,他在一家大公司找到了一份工作,他觉得很满意,因为他从小就羡慕那些出入写字楼的精英。

但是,坐进明亮的办公室后,詹姆士却发现这样的生活并不快乐。原来精英们也不幸福,他们不但要受上司的气,还要受同事的排挤。每当看到上司拿着公文包大摇大摆地出入高级餐厅时,詹姆士都觉得,只有拥有自己的公司,才能获得完美的生活。

几年后,詹姆士注册了一家销售公司,又经过几年的努力,他的小公司变成了大公司,拥有了曾经梦寐以求的豪华别墅、高档轿车和巨额银行存款。可他所奢望的完美还是没有降临。他的下属总是不听话,不但偷懒,工作效率低,还总要求涨工资;他的竞争对手心狠手辣,整天想着要挤垮他的公司,让他没有立足之地;更为不幸的是,他的太太对他越来越冷漠。这一切都让詹姆士觉得世界上所有的人都比他幸福。

一天,心情失落的詹姆士在开车上班的途中遭遇了一场车祸。事后,一想到那惊心动魄的一幕,詹姆士就吓得浑身发抖。他突然明白:简单地活着才是最幸福的事情,世界上哪有那么多完美?

现实中的我们,总希望自己拥有更多的快乐而非痛苦;希望自己拥有财富而非贫穷;希望自己受到良好的教育而非与大学无缘;希望自己事业有成而非碌碌无为……总之,在我们的眼中,只有得到完美,自己才能感受到生活的快乐。

但是,生活毕竟是生活,它永远都存在缺陷和遗憾。你越苛求完美,越会觉得生活不完美,于是许多苦恼和愁闷也接踵而来。

从前,有两个孤儿自幼拜一个和尚为师。两人成年以后,师父把他们叫到面前说:"你们都成年了,应该有自己的将来和梦想,由此往北行,在那群山深处有块绝世美玉,只要你们寻得那块绝世之宝，就可以下山追寻自己的将来了。"

师兄弟两人次日便离开师父出发去北方山中寻找美玉。师哥是一个注重实际、不好高骛远的人，有时候，即使发现的是一块有残缺的玉，或者是一块成色一般的玉甚至有些奇异的石头，他都会统统装进行囊。

过了几年，到了他们师兄弟约定汇合的时间，此时，师哥的行囊已经装满了，尽管没有师父所说的绝世完美之玉，但造型各异、成色不等的众多玉石在他看来也足以令师父满意了。后来师弟到了，他却两手空空，一无所得。师哥诉说了自己这些年的收获。师弟说："你这些东西都不过是一般的珍宝，不是师父要我们找的绝世珍品，拿回去师父也不会满意的，更不会要我们下山。我不回去，我要继续去更远更险的山中探寻，一定要找到绝世美玉。"师哥再三劝说，他都无动于衷。

无奈之下，师哥只好带着他的那些东西回到了山上，将自己的收获一一呈现在师父面前，还叙述了自己与师弟相遇时师弟的探宝情况。师父听后点了点头说："你做得很好，明天，你就可以带着你的珍品下山了。你师弟不会回来了，他是一个不合格的探险者。他如果幸运，能中途醒悟，明白至美是不存在的这个道理，那是他的福气。如果他不能醒悟，便只能以付出生命为代价了。"

师哥下山后用那些造型各异、成色不等的玉石开了一个奇玉石馆，在他的打磨下，那些玉石、奇石都成了稀世之品。短短几年，师哥的奇玉石馆已经享誉八方。在他寻找的玉石中,有一块经过加工成为了不可多得的美玉,被国王用作传国玉玺,师哥也因此成了倾城之富。

很多年以后,师父已经奄奄一息,师哥回山探望师父,并对师父说要派人去寻找师弟,但被师父阻止了。师父对他说:"经过了这么长的时间和挫折他都不能顿悟,这样的人即便回来又能做成什么事情呢?世间没有纯美的玉,没有完善的人,没有绝对完美的事物,为追求这种东西而耗费生命的人,何其愚蠢啊!"说完,师父就驾鹤西去了。

金无足赤,人无完人。没有一个人是完美无瑕的,有缺点和不足,不一定会默默无闻,也不一定会被人否定,只要你把"缺陷、不足"这块堵在心口的石头放下来,别过分地去关注它,它就不会成为你的障碍。

看着我们周围那些事事渴求完美的人,他们往往体会不到那种有所希冀的感觉,体会不到那种当自己得到追求中的某种东西时的喜悦。所以,如果你打算将生活快乐地过下去,就必须坦然接受生命是一个不太完美的、有限的、有瑕疵的东西这个事实,不要相信世上有"完美"这回事。不要这样要求自己,也不要这样要求别人,更不要这样要求生活。

电影《心灵补白》中有一句经典对白:"这个世界上没有完美的人,你不完美,我不完美,重要的是我们能否完美地走到一起。"想要活得轻松自在一点,就要放下对完美的苛求,放松人生的琴弦,生命给了什么就去享受什么。

2.一味追求完美，最终将成水中捞月

现实中的很多人，总是在享受生活的同时，又认为生活欺骗了自己，社会埋没了自己，他人辜负了自己。他们总是认为自己的地位还不够高，存款还不够多，成就还不够大，生活还不够美好；也从不懂得珍惜身边所拥有的，从不感谢之前经历的人和事，总是一味地抱怨这里不够、那里不足，离完美还有很远的距离，致使生活充满了不如意、不快乐和不幸福。

一个寺院的主持给寺院立下一条特别的规定：每到年底，寺院里的和尚都要面对主持说两个字。

第一年年底，主持问新来的和尚想说什么，新和尚说："床硬。"

第二年年底，主持又问他想说什么。他回答说："食劣"。

第三年年底，他没有等主持问便说："告辞。"

主持望着他的背影自言自语道："心中有魔，难成正果，可惜！可惜！"

主持所说的"魔"，就是那名僧人心中没完没了的抱怨。他只考虑自己要什么，却从来没有想过别人给过他什么。这样的人永远不知道什么是幸福，因为幸福早已在追求完美的

路上被他扔到了一边。

一个人终日唉声叹气、郁郁寡欢。神看他可怜，便决定给他一些帮助。神问："你把心事说出来，或许我能够帮助你。这样，你就不用每天愁眉苦脸了。"

不快乐的人并不知道站在他面前的人是神，他悲伤地说道："我听说这个世界上有两种罕见的宝石，我一直都很想要，但始终没有得到，所以我不快乐。"

神听后，笑道："不就是两块石头嘛，我给你就是了。"说完，神就把这两种罕见的石头给了他，希望他能够从此快乐起来。

一个月后，神又遇见了这个人，可他看上去比过去更忧郁了。神问："你想要的东西我已经给你了，你怎么还不快乐呢？""唉，有了这两块石头之后，我每天担心它们会被人偷走，或者丢失。"不快乐的人说道。

神无奈地说："得不到的时候害怕不能得到，得到之后又担心失去。这样患得患失的人，谁也没办法让他快乐。"

所谓生活，就是感悟的旅程。如果能以一种独特的方式来观察世界，你会发现，在这个世界上，无处不存在着让人惊喜的东西。同样一种事物，从一个角度上看是灾难，换一个角度看可能就是幸福。而所谓的完美，不过是海市蜃楼，让你永远看得见却摸不着。一味地追求它，你不仅会一无所获，甚至还可能将过去的幸福也全部扼杀。

所以，如果我们懂得感悟生活，就会明白，生命的整体是相互依存的，每一样东西都依赖于其他的东西。父母的养育、师长的教导、伴侣的关爱、朋友的友谊、自然的赐予……这一切，不正是属于我们自己的完美吗？

3.别让不完美成为成功路上的绊脚石

承认人的不完美，正视自己的缺点，不是任其发展下去。我们既不能强求自己完美，也不能完全放任自己的缺点。放任是以人性的不完美为借口，任由缺点变得越来越多。我们应该做的是，正视自己的缺点，并勇敢地改正它、克服它，同时更加发扬自己的优点，保持并完善它。

有一个人，总是不断地自怨自艾。他先是嫌弃自己长得不够高大，很是羡慕那些身材高大的男子。"瞧，人家多有气概啊！"他总是这样想。后来，他四处寻访增高的办法，在脚底垫上了一层层鞋垫，终于使得自己看起来不那么矮小了。

但是，没高兴两天，他又开始嫌弃自己的长相不够俊朗，羡慕那些帅气的男人。"瞧，人家的长相才像王子呢！"于是，他又去做了整容手术，以求改变自己的容貌，使自己变得更好看一些。后来，手术成功了，他对自己手术后的相貌也还算满意。

过了几天高兴的日子后，他又开始懊丧自己的声音不好听，没有吸引力，羡慕那些声音浑厚、一说话就能引人注目的人。"瞧，那才是一个男子汉该有的浑厚嗓音啊！"于是，他又去做了声带手术，让自己的声音变得浑厚。

这下应该满意了吧？不，他仍然不满意。因为他又发现自己毫无特长，无法在公共场合中表现自己。于是，他又去拼命地学习篮球运动，希望能拥有很好的篮球技术，在球场上引起欢呼。但，他的脚底都是鞋垫，怎么能够打篮球呢？最终，他在球场上滑了一跤，摔得鼻梁塌陷，声带受损。

因此，不要总是把自身的不完美视作阻碍我们成功的绊脚石，而对它厌恶至极。那些不完美有时候也可能成为我们前进的一种动力，促使我们去不断完善和提高自己，以获得自己所期望的成功。

西方有这样一句格言："我接受我的不完美，因为它是我生命的真实本质。"

其实，缺憾本身也是一种美。正因为不完美，才能让人们有更高的期待。

4.人生如此短暂，何必吹毛求疵

　　一个人最大的缺点莫过于自己看不到自己的缺点，反而对他人吹毛求疵、斤斤计较。

　　美国总统林肯有一封写给下属胡克的信，可以引导我们走进这个总统的伟大心灵。在这封信中，我们可以看到林肯是如何驾驭自己的精神的，同时也可以看到他是如何驾驭别人的。这封信让我们看到了一个率直、慈爱、睿智、老练、具有外交天赋和宽大胸襟的林肯。

　　胡克曾经粗鲁、不公正地批评自己的总司令——林肯，这使他的上司伯恩赛德感到十分难堪。但林肯却毫不计较，而是充分发挥胡克的优点，为己所用。

　　以下就是这封信的全文：

　　少将：

　　我已任命你为波托马克军的首领。我这样做当然有自己充分的理由，然而，我依然认为你最好知道，我对你依然有很多不太满意的地方。

　　我相信你是一位勇敢又有才华的军人，当然，这是我喜欢的。

　　我也相信你不会把你的职业与政治倾向相混淆，这一点你是正确的。

你有充分的自信心,如果这不是必不可少的优点,至少是有价值的优点。

你雄心勃勃,在合情合理的范围内,它利大于弊。但是,我认为你在接受伯恩赛德将军统帅时,这种雄心曾经受到过挑战。在这一点上,你犯了一个大错误,不管是对国家,还是对那位战功卓著和值得尊敬的长官。

最近,我曾听你说过,无论是军队还是政府,都需要一位最高统帅,我也同意你的观点。因为这方面的原因,但不仅仅因为如此,我给你下达了任命。只有那些赢得成功的将军才可以成为统帅。

我现在要求你的是取得军事上的成功,而我自己也冒着独断专行的危险。

政府将尽自己最大的能力来支持你,不会比以往的多,也不会比以往的少,而且对所有的司令官一视同仁。批评自己的长官甚至使他丧失自信心,我担心这些由你带入军队的思想会发生在你自己的身上。

我会尽我最大的努力来帮助你控制它。无论是你,还是拿破仑(如果他还活着),都无法从一个弥漫着这种情绪的军队里有所收获。

现在,请克服这种轻率,保持旺盛的精力,勇往直前,争取伟大的胜利。

信中有一点值得深思。它说明了这样一种情况，那就是从一片有毒的土壤里会滋生出类似龙葵的致命物质——对那些地位比自己高的人嘲笑、吹毛求疵、抱怨和批判的习惯。

尽管胡克有种种缺点，但他依然得到了提拔，你的老板可能没有林肯那样宽容大度的胸襟。即使是林肯，也无法永远保护胡克。如果胡克战败了，林肯就不得不再起用其他人——一个更沉着冷静、不妄加评论、不吹毛求疵的人。

有一类人专门喜欢挑别人的缺点和错误，他们自己无法做到十全十美，却要求其他人尽善尽美。他们有一种用他人的错误来证明自己的聪明的心理，总是希望从挑剔错误中得到满足。

如果我们像这类人一样，将大部分的时间和精力都花在评论别人的是非上，那么，我们自己能用的时间还剩多少呢？

每个人都有缺点和不足，但除此之外，我们身上还有更多的长处和优点。看到他人优秀的一面才是可取的心态。

生活中，我们经常会被身边一些吹毛求疵、追求完美的人所误导和蒙蔽，认为只有这样才会使自己更加快乐和完善。其实大可不必这样，有时候缺陷也是一笔可观的财富，所以没必要为自己的缺陷而生气。

"假如我能站起来吻你，这个世界该有多美啊！"这是张海迪对自己的丈夫说过的一句话。

可是张海迪不能站起来，命运让她永远坐在轮椅上。那么,在张海迪的眼里,这个世界就不美了吗?不是,在张海迪看来,这个世界依然美丽,只是自己只能坐在轮椅上欣赏这个世界的美丽。缺憾并不影响她笑对世间的心情。她有一个爱她的丈夫,有一个令许多健全人都羡慕的温馨的家,更有许多人无法企及的荣誉与鲜花。

她不会因为身体的残疾而逃避世人的目光。相反,她更注重与人的沟通。她会让别人给她倒水,会让别人帮她拿放在高处的东西,会让别人推着她出席各种活动……她丝毫不会觉得自卑、羞于见人,所以,她活得洒脱、活得幸福。

幼时的张海迪与常人无异,爱唱、爱跳、爱玩、爱闹。但不幸在她5岁时降临了,她被确诊患有脊髓血管瘤,经过多次脊椎穿刺之后,病情仍不见好转。

1973年,全家人从农村返回莘县县城,那时的张海迪最想要的就是工作,她盼望能早日成为自食其力的人。但由于身体残疾,张海迪一直待业在家。深深的自卑感困扰着她,特别是当她无意间发现了自己的病历卡,"脊椎胸五节,髓液变性,神经阻断,手术无效"的字迹赫然映入眼帘时,张海迪萌发了轻生的念头。

但在家人的帮助下,张海迪的情绪逐渐稳定了下来。冷静思考之后,张海迪学起了针灸,诊断并为周围的人治病。在不断的学习和帮助他人的过程中, 张海迪看到了自己的价值,并从自卑的阴影中走了出来,最终活出了自信和光彩。

　　在生活中事事追求完美并不是一件值得称赞的做法，我们努力的方向应该是让自己充满才干、独一无二，而不是做什么都有两下子却始终是半吊子的水平。要记住，你的缺点很多，也相当不完美，但只因为你不是别人，所以你是独特的、不可替代的。

　　卢梭说："大自然塑造了我，然后把模子打碎了。"但是，有太多人违背自我，以别人眼中的"完美"作为自己的目标和追求对象，这样会活得很辛苦。对于生活，大可不必如此，拥有一颗淡然的平常心，你将轻松许多。

5.过度掩饰不完美，就会忽略美

　　海伦·凯勒是美国家喻户晓的盲聋女作家，她坚持不懈的精神鼓舞了全世界的人。而下面要讲的却不是她，而是带着她走向光明的那位天使的故事。她的名字叫做安妮·莎莉文。

　　安妮·莎莉文的童年也很悲惨。3岁时，她患上了沙眼，但因家中无钱给他医治，导致她只剩下微弱的视力。这还只是噩梦的开始。在家人相继去世后，10岁的她被送到了救济院。救济院的条件很差，虽然好心的神父带她到医院进行手术，但手术并不成功，反而导致她的视力更加恶化，最后仅剩下光感，近乎于失明。

这一连串的不幸遭遇让莎莉文的脾气十分糟糕，她经常无缘无故地发怒，让身边的人难以接近。她因自己的失明而感到羞耻，无法平静。她经常对人又抓又咬又叫，还总拿食物砸人。有一位年老的清洁女工对莎莉文十分同情，她烤了一些巧克力果仁小蛋糕放在莎莉文的门前。由于害怕莎莉文拿蛋糕砸人，她快步走开了。可这次，莎莉文并没有砸人，而是津津有味地吃了起来。从此，莎莉文和那位女工成为了好朋友，也渐渐受到了他人的关注。后来，有人劝说她去上学，而她也渴望命运能够出现的转机，于是去上了柏金斯盲校。

毕业后，柏金斯学校的校长为她推荐了一份工作，即做海伦·凯勒的家庭老师。

后来的故事大家都知道了，莎莉文不仅改变了自己的命运，还将自己的爱奉献给了他人，改变了海伦·凯勒的命运。她与海伦·凯勒同样伟大，同样值得人尊敬。

如果沉迷在对不完美的掩饰中，不用说改变这种不完美了，就连我们原本的优秀品质也可能被磨灭掉。因为某一处的不完美而遗忘整个生命，甚至舍弃那些原来美好的东西，这是多么令人叹惋的举动啊，简直就是在奢侈地耗费生命。

有一个参加歌唱比赛的女孩，在比赛中得到了不错的名次，虽然比赛后的她没有一举成名，但假以时日，成功并不困难。但是，她认为自己没能一夜成名的主要问题是自己的相貌不够出色。

其实，她的长相不错，有一种邻家女孩的清丽。但她却固执地认为自己的相貌没有特点，既不属于妖艳妩媚型，也不属于俊朗阳光型。所以，她没有将精力放在提高唱歌的技巧上，而是放在了改变容貌上。她刻意地追求自己平庸的一面，而忽略了自己美的一面。

为此，她屡次出国进行整容手术，耗费了大量的精力与金钱。整容手术是有风险的，而且需要极长时间的调养。一次、二次、三次……她总是不满意整容之后的容貌。

最终的结果令人惋惜，她因为整容手术失败而失去了年轻的生命，随之失去的，还有她的梦想和未来。

看完这个故事，除了惋惜，我们还应该从中得到些什么？

当我们只想着掩饰自己的丑陋，必定就会忽略展示自己的美丽和从身边发现美丽。生活如果只有掩饰，那我们能从中得到什么呢？这样的生活会有什么色彩可言呢？即便让我们掩饰住了丑陋，之后又将以什么方式展示自己灿烂的生命呢？可以以掩饰遮盖住的丑陋，无论何时都不会变成美丽，只有真实的、毫不做作的美丽才能得到认可，才能让人发出由衷的赞扬。

孔庆翔是一名美国华裔，他的外貌相当普通，甚至都不能说普通，用不太礼貌的词，那就是丑陋。不仅如此，他对音乐一窍不通，唱歌走调，也无精通的乐器。但是，就是这样一个毫无特长的人，竟然自信满满、毫无畏惧地参加了美国非常受人关注的节目《美国偶像》。

这是一个以唱歌为主的节目，而孔庆翔这样一个毫无歌唱实力的人却参加了。他勇敢地在舞台上表现了自己，毫不掩饰。评委看过他的表演后哭笑不得，并质问他："你不能唱，又不能跳，你想让我说什么？"他的回答是："我已尽力，我毫不后悔。"这样一个敢于表现自己的自人，谁能苛责他呢？他的缺点毫不遮掩地展示在了观众面前，但观众因此而厌弃他了吗？

恰恰相反，他得到了另外一种成功。他的自信感染了所有观众，他展示了自己的美丽，也让观众看到了自信的美丽。虽然他没有在节目中取得很好的名次，却被称为真正的"美国偶像"。不仅如此，唱片公司还为他出了两张新专辑，并取得了不错的销量。他在节目舞台上的表现是失败的，但在人生舞台上的表现却是成功的。

人生并不是只有丑陋，也不是只有美丽，两者是同时存在的。而且，正因为有丑陋的存在，我们才能欣赏到美丽，才渴望拥有美丽。每个人都有掩饰丑陋、展示美丽的本能，但人们常常只完成了前者，而忽略了后者。

更重要的是，掩饰丑陋是一种十分不理智的行为。掩饰能使我们的丑陋消失吗？或者将它变成美丽？不能。在刻意的掩饰中，我们不仅会失去年华，失去视野中的其他美丽，甚至还会连什么是丑陋和美丽都分不清楚，进而盲目地为掩饰自己认为的丑陋，将别人眼中的美丽给遮掩住了。这无疑是最大的悲哀。

生命不应该只满足于须臾即逝的短暂的虚假的美好，也不应以掩饰这样欺骗的方式来获取赞扬，而应展示出自己真实的美丽，寻找生活中真实的美丽。

6.人生不是竞技场，何必事事争第一

奥运会每隔 4 年举办一次，万名选手聚在一起，背负着众多人的期望，付出了人们无法想象的努力，谁不想有个完美的结局，站在冠军领奖台上，戴上金灿灿的冠军奖牌？可是，每个项目的冠军只有一位。

既然是比赛，就会有输赢，就冠军来说，胜利者只有一位。而这个幸运的花环并不总会落在我们头上，如果我们因为无缘冠军而一直走不出失意的阴影，自责懊恼，那实在不是奥运精神的体现，更不是我们参加比赛的本意。

其实，不仅是竞技比赛，在实际生活中，也不乏诸如勇争第一、百折不回、坚定不移、前赴后继、永不言败等激励词语。人们都习惯做强者，做胜利者，所以很难接受失败的结局。

俗话说"三百六十行，行行出状元"，但每行的状元只有一个，而竞争的人数却数不清。争第一的精神当然可嘉，但也不必非要争第一不可。有时候，我们更需要用一种平和的心境来对待人生的"第一"。要有争第一的决心和勇气，但若是败了，得了第二、第三又何妨？有人说："英雄就是做他能做的事，而平常人就做不到这一点。"没错，实际上，每个人，无论做什么事，都必定有他所能达到的高度，并非一定要自己超过某人，达到某一程度、某一目标。只要尽自己所能，问心无愧，最终能否超越别人并不重要。

美国有一家租车公司，长期以来一直居于行业的第二位置，距离市场占有率第一名的租车公司有好长一段距离，而后面的竞争者更是强者如云。眼看着业绩下滑，这时候，公司聘请了奚得先生做总裁，他有"经营之神"的美称，到任后，他对公司内部进行了大刀阔斧的改革。

想要提高知名度，最主要的手段是加大对公司的宣传。做广告的时候，广告大师彭巴克先生建议在广告中坦白直率地告诉大家——我在租车业中，排名第二。因为是第二，所以要更努力。

　　奚得先生接受了这则广告建议，而且所有的车上都贴了奚得先生的电话，如果租车者发现车子不清洁、有烟蒂等，可以直接打电话给他，因为，"我们是第二，所以要更努力"。

　　不久之后，这家租车公司的业绩急速上升，市场占有率越来越接近第一名。但是，他们仍以第二自称，因为第二代表的不只是名次，更是他们努力的形象。而一个不断努力改进自己的企业，又怎么会不受欢迎呢？

　　其实，第二也有第二的好处。人生路上，不必过于追求完美，了解和接受自己的局限，能够让你更加清醒理智地面对一切。

　　生活更像是一个足球赛季，最好的球队也可能会输掉几场比赛，而最差的球队也有自己闪亮的时刻。我们的所有努力就是为了赢得更多的比赛，而不一定每次都要争第一。总是背负着赢得第一的心理压力，也许反而会影响我们实力的发挥。

　　曾经获得世界冠军的美国拳击手杰克，每次比赛前都要先安静地祷告一会儿。一个朋友问他："你在祈祷自己打赢这一场比赛吗？"他摇摇头，说："如果我祈祷自己打赢，而我的对手也祈祷打赢，那上帝会很难办的。"

　　朋友奇怪地问道："那你到底在祈祷什么？"

　　杰克说："我只是在祈求上帝让我打得漂漂亮亮的，最好让我们谁都不受伤！"

　　放松一点，只要我们能继续在比赛中前进，并珍惜每场比赛，我们就赢得了自己的完整。我们要追求完美，但也要接受不完美。接受现实，就是正视现实，实事求是，不抱任何偏见地正确地理解、评价自我和别人，同时也是用平和的心态去看待人生的所谓成和败。

　　生命是一个过程，而不只定格在最后那一枚奖牌上。即便你当不了第一，你也同样可以拥有成功，谁能说第二、第三名就不是成功呢？

　　在人生的征途中，常有竞争和角逐，也有奋斗和拼搏，着实需要争第一的精神，但若是因为自身的局限，拼尽了全力，也只得了银牌或者铜牌，同样也要为自己喝彩！因为人生并不只有第一才是胜者，更不是只有第一才精彩！

7."完美"的羁绊，生命不能承受之重

　　完美就像冬天晶莹剔透的落雪，刚开始温暖就会融化；亦如春天娇艳芬芳的花朵，走过一季就会凋零枯萎。它只是一处景致，稍稍疏忽就会残缺，看过就好，不必记在心间，否

则就会成为生命中不能承受之重。

古时候有个富翁，他有一个独生女，长得无比娇美，性格温柔，又有才华，可谓样样优秀。富翁对女儿爱若掌上明珠，在女儿很小的时候，就发誓只有世间最好的男子才能娶自己的女儿。

转眼，女儿到了婚嫁年龄，来提亲的媒人络绎不绝，可富翁总是对男方的条件诸多挑剔，认为对方配不上自己的女儿，于是，富翁拒绝了一个又一个求婚者。

又过了几年，富翁的女儿年龄越来越大，求婚的人越来越少，富翁的妻子劝他："不要再耽误女儿的终身大事了，找个差不多的对象就好了。"富翁却说："我对女儿负责才会如此，终身大事，怎么能随便呢？"仍然对求婚者挑剔不已。又过了几年，已经没有人来向富翁的女儿求婚了。

世界上也许有你心目中的十全十美，但甲之蜜糖，乙之砒霜，你所想象的完美在别人眼中可能就是"不美"。凡事要求高标准没有什么不对，对自己要求严格能提升能力，对他人要求严格虽然可能得罪人，却也有人敬重你的认真与正直。但高要求如果变成苛求，就会让人无法接受。何况你的标准并不是别人的标准，何必强人所难？

人生最怕的"意难平"，一旦自己太过于挑剔，什么都觉得不满意，花好月圆也好，金榜题名也好，都成了灰色的，这是一种自己造成的遗憾。因为心中最想要的事情没有做到，到手的东西难免就会看不顺眼。如果生命始终以这样一种苛刻的标准来衡量，我们便会没有进步，没有提高，更谈不上幸福，这样的人生又有什么意义呢？不如放低标准，放宽心胸，接纳自己也接纳他人。很美，却不完美，才是生命的常态。

莉娜是一名职业校对员，曾为出版社校对过不少著名书刊著作。莉娜对工作认真负责，一丝不苟，因此在出版编辑界也小有名气。

校对的工作做久了，在生活中，莉娜也经常会不自觉地检查单词拼写和标点符号是否准确。听别人讲话时，她也会想着他的发音是否正确，停顿是否得当。

一天，莉娜去教堂做礼拜，听牧师朗读一篇赞美诗。突然，她听到牧师读错了一个单词，顿时浑身不自在，一个校对员的声音在心里不停嘟囔："他错了！牧师竟然读错了！"莉娜再也不能专心听牧师布道。正当她为这个小小的错误纠结之时，一只苍蝇从莉娜的眼前慢慢飞过。

莉娜耳边突然响起了一个声音："不要因为一个飞虫而忽视眼前美丽的风景。"这时，莉娜顿时醒悟了过来：对呀，我怎么能因为一个小小的错误而忽视整篇赞美诗呢？

古语云：水至清则无鱼，人至察则无徒。生而为人，我们总是希望自己不犯错误，把任何一件事情都做得完美无瑕。

我们害怕犯错，一旦犯了错，就常常责怪自己，在精神与肉体上都承受着极大的折磨。其实，何必这样呢? 心宽些，换一种心态，或许就是另一片天地。

12岁应该是个叛逆的年龄，但12岁的蓝心却不是这样，她的生活里就三件事：学习、吃饭、睡觉。蓝心是个标准的全优生，自踏进校门以来就一直如此。她每天花大量的时间拼命读书、做作业，很少和同学们在一起玩，也很少与同学交流。对于她来说，真的就是为了学习而学习。就这样，3年过后，蓝心升入高中，高中的学习要比初中繁重很多，她依旧过着像学习机器一样的生活。这个时候，蓝心发现自己和别人交流起来很困难，特别是和男孩子，一和男孩说话就会全身僵硬、脸上发红。

进入大学，蓝心听从了父母的意见，选择了心理学专业。其实，父母让她读这个专业是有原因的，因为他们发现自己的女儿在与人的交往中有点麻木，他们希望她能通过在大学的学习改变一下自己。

心理学的学习让蓝心学会了新的思维方法。升入大二以后，蓝心有了非常明显的变化，她和父母开始有说不完的话题，这在以前是很少有的。蓝心甚至还报了舞蹈班，在学校的活动中还得了奖。

如果你将自己的价值与成败等同起来，必然会感到自己是毫无价值的。想一想托马斯·爱迪生,如果他以某项工作的成败来衡量他的自我价值,那么他在第一次试验失败之后就会认输,就会宣布自己是个失败的探索者,并停止用电灯照亮世界的努力。

其实,做任何一件事情时,只要我们抱着"没有最好,但有更好"的态度用心去做事,只要在原来的基础上有所进步,就值得我们满足和高兴。对于那些缺憾,我们可以把它当作教训,引以为戒,并以此来激发下一步的行动,完全不必过于在意。生活中,真正给我们教益的是那些曾有的失败、曾经的不完美。完美是一种理想境界,我们可以接近完美,但不可能达到完美。把心放宽,卸下你"完美"的负担,你将生活得更轻松。

8.不要苛求所有人都满意

无论你付出了多大的努力,即便你做得近乎完美,就算你在奥运会上拿了金牌,就算你已经是国际巨星,也会有人不喜欢你,会有人向你发出嘘声。每个人都有自己的喜好、想法和观点,我们不能强求他们保持统一的思想。

有一位画家想画出一幅人人都喜欢的画。画好后，他拿到市场上展出，并在画的旁边放了一支笔，附上说明：每一位观赏者，如果觉得此画有欠佳之处，均可在画中做记号。

晚上，画家取回了画，发现整个画上都涂满了记号——没有一笔一画不被指责。画家十分不快，对这次尝试深感失望。

第二天，画家决定换一种方法去试试。他又将那幅画临摹了一张，再拿到市场去展出。可这一次，他要求每个观赏者把认为最好的那一笔标记出来。当画家取回画时，整个画上又涂满了标记——一切曾被指责的地方，如今又赢得了所有人的喜欢。

面对这种情况，画家不无感慨地说道："我发现了一个奥妙，那就是我们不论干什么，只要使一部分人满意就够了。"

人总是渴望得到别人的认可。比如，今天穿了一件新衣服，听到别人的赞美会乐滋滋的，若是没有人注意到自己的新衣，有时也会主动问别人："看，这是我昨天新买的，今年流行的最新款，漂亮吗？"

如果得到的是一片赞扬声，那还好；若是其中有人表现出不屑，或者指出了缺点，那么本来兴高采烈的心情，就会因此而低落下来，甚至迁怒于那个说了缺点的人，从此在心中埋下芥蒂。

我们身处的世界错综复杂，我们面对的人和事更是涉及多方面、多角度、多层次，每个人都生活在自己所感知的经验现实中，别人不可能完全反映你的本来面目和完整形象。对你来说，别人对你的反映或许是多棱镜，甚至有可能是让你扭曲变形的哈哈镜，你怎么能期望让人人都满意呢？

　　有一个人是某大公司的职员，可他整日发愁，不知道自己该怎么做。比如，他和新来的女同事稍微有点亲近，就会有人怀疑他居心不良，于是，他只好与新同事保持距离；到某领导办公室去了一趟，就会引起这样或那样的议论，所以，他没事很少去领导办公室；开会的时候，他说话直言不讳，就有人说他骄傲自满、目中无人，于是，他开始闭口不言；默默无闻地争取工作第一，又有人说他死心眼、太傻……凡此种种飞短流长的议论和窃窃私语，可以说是无处不生、无孔不入，搞得他头昏眼花、心乱如麻。

　　只要你认真努力，去尽量适应他人，就能做得完美无缺，让人人都满意吗？显然不可能！这种不切合实际的期望只会让你背上沉重的包袱。

　　有一个士兵当上了军官，心里甚是欢喜。每当行军时，他总喜欢走在队伍的后面。一次在行军过程中，别的军官取笑他说："你们看，他哪儿像一个军官，倒像一个放牧的。"他听后，便走在队伍的中间，别的军官又讥讽他说："你们看，他哪儿像个军官，简直是一个十足的胆小鬼，躲到队伍的中间去了。"他听后，又走到了队伍的最前面，别的军官又挖苦他说："你们瞧，他带兵打仗还没打过一次胜仗，就高傲地走在队伍的最前边，真不害臊！"他听后，腿就不听使唤了，在别人的指手画脚下，他连路都不会走了。

其实，很多人都会犯这样的错误，常常为了讨好所有人而在不知不觉中迷失自我。比如，在对一件事发表看法的时候，你从来都是附和所谓"权威"人物的观点，而不敢大胆说出自己的想法；再比如，在为人处世的过程中经常按别人的反应作出决定，而不是按照自己的意愿去决定。这些都是不自信的表现，也是虚荣心在作祟。你已经成了上面故事中那位军官，丧失了按照自己意愿生活的能力。

德国诗人歌德曾说："每个人都应该坚持走为自己开辟的道路，不被流言所吓倒，不受他人的观点所牵制。"没有人是孤立地生活在这个世界上的，几乎所有的知识和信息都来自于别人的教育和环境的影响，但你怎样接受、理解和加工、组合，这是属于你个人的事情，这一切都要独立自主地去看待、选择。谁是最高仲裁者？不是别人，是你自己！

有人说："当别人对你说'快看这儿'或'快瞧那儿'的时候，请你不要盲目地追随他们，因为幸福世界就在你的心中。"的确，只有常听自己内心的想法，而不是过多地关注别人的想法，我们才能真正地快乐。

第四章

没有完美的爱情，
只有包容的心

1.完美的爱情只是水中月

爱情是神圣的，也是美好的。没有爱情的存在，生命就会失去耀眼的光芒和亮丽的颜色。爱情能够激发一个人对生活的热爱、对未来的激情，没有爱情的人生是残缺的，也是乏味的。

对待爱情，每个人都有美好的向往，甚至渴望自己的恋人完美无缺。但是，完美只存在于想象，苛求完美的人是难以得到幸福的。

李建强是一位未婚男青年，有着英俊的外表和很强的工作能力。很多朋友都不明白，为什么李建强的条件这么好，身边却一直没有称心的女朋友，难道是因为他要求太高？于是，有热心的朋友主动向李建强询问他的择偶条件，没想到，他告诉朋友说自己其实并没有什么条件要求。

热心的朋友听李建强说出这样的话，就主动提出要给他介绍一个女朋友，李建强很爽快地答应了。星期天，他和那位女士见了面，他们约在了一家咖啡馆里。这个女士非常活泼大方，言谈举止都很有分寸，是个聪明的女孩子。两个人分别的时候，女孩主动提出要李建强的电话，但李建强却委婉地拒绝了。

朋友找到李建强说："你为什么不喜欢她呢？她是一位非常活泼、有教养又可爱的女孩。"

李建强微笑着对朋友说："是的，她的确非常活泼，但有的时候太过闹腾，而且也不够漂亮。"

朋友明白了李建强的意思，于是对他说："我认识一个女孩，不但活泼有度，而且非常漂亮。"

在朋友的建议下，李建强决定和这个女孩见一面。见面之后，朋友给李建强打电话询问情况，他说："这个女孩非常活泼，也非常漂亮，但她没有好的工作。她说她会做非常美味的菜肴，但我并不需要这样的妻子来陪伴我一生，我希望她有很好的工作，有很强的工作能力，这样我们就可以在事业上共同进步了。"

朋友想了想说："没有问题，你这个要求非常简单，我正好认识这样一个女孩，她是一家外资企业的经理。"

于是，李建强又去和朋友介绍的女孩见面。之后，朋友又给他打来询问电话："怎么样，这次你满意吗？"

李建强在电话那边叹气道："你知道，我的确非常喜欢有能力的女孩子，但这个女孩不符合我的审美标准。你不觉得她长得非常难看吗？

听见李建强的话，朋友有点生气，他说道："我以为你只是需要一个可以和你共同进步的妻子而不是一个美丽的妻子。"

"当然，在她能力非常强的同时，还必须是一个美丽且迷人的女人。"李建强这样告诉朋友。朋友又给他介绍了一个女孩。这一次，朋友非常高兴地给李建强打来电话说："怎么样，这次符合你的标准吧，非常漂亮，工作能力也很强。"

李建强沉默了一会儿说："是的，我不能不承认她是一个非常美丽的女人，而且有相当强的工作能力，但是她没有一点儿生活情趣。在吃饭的时候，她除了和我说工作，就没有其他的话题。我问她有没有拿手的菜，她竟然告诉我她是一个厨艺白痴。这简直太荒谬了，我不能忍受和这样无味且没有厨艺的女人生活在一起。"

朋友听完李建强的叙述，没有说什么就挂了电话。过了几天，朋友给李建强发了一个微信，微信上这样写道："建强，我们一直认为你应该去定做一个机器人做你的太太。你可以让机器人制造者帮你设计出这样的程序，让这个机器人又漂亮又贤惠，非常活泼而且还得有分寸。不仅如此，她还必须上得了厅堂、进得了厨房，因为只有这样，才能符合你完美的要求。

有人说，完美是上帝进化人类的诱饵，它是永远让人眺望而无法达到的目标。抱怨别人之前，请先审视自己，如果你不完美，就别用完美的标准去要求对方。

刘静、平娟、丽梅是非常要好的闺中密友，三人中，刘静长得最美，丽梅最有才华，只有平娟各方面都平平。三个人虽说平时好得一个鼻孔出气,但在择偶标准上,三人却产生了极大的分歧。刘静觉得人生就应该追求美满,爱情就应该讲究浪漫,如果找不到一个能让自己觉得非常完美的爱人,那她情愿一直独身下去;而丽梅则觉得婚姻是一辈子的大事,必须找一个能与自己志趣相投的男人才行;只有平娟是个传统而又实际的人,她对婚姻不抱不切实际的幻想,对男人不抱过高的要求,对人生不抱过于完美的奢望,她觉得两个人只要"对眼",别的都不重要。

后来,平娟遇到了陈军,陈军长相、才情都很一般,属于那种扎在人堆里就会被淹没的男人,但他们俩却第一眼就看上了对方。对此,刘静和丽梅都表示强烈的反对,她们觉得像平娟这样各方面都不"出彩"的人,婚姻是她让自己人生辉煌的唯一机会,她不应该草率地对待这个机会。但平娟觉得,没有人能够知道在漫长的岁月里自己将会遇见谁,亦不知道谁将是自己的最爱,只要感觉自己在爱,就不要放弃。于是,23岁那年,平娟与陈军结了婚,25岁时做了妈妈。虽然平娟觉得自己过得很幸福,但她还是成为了女友们同情的对象。刘静摇头叹息:花样年华白掷了,可惜呀;丽梅撇着嘴说:她为什么不找个更好的?

当年的少女被时光消耗,三人成了半老徐娘。刘静众里寻他千百度,无奈那人始终不在灯火阑珊处,只好让闭月羞花之貌空憔悴;而丽梅虽然如愿以偿,嫁给了与自己志趣一致的男士,但无奈两个人总是同在一个屋檐下,却如同两只刺猬般不停地用自己身上的刺去扎对方，遍体鳞伤后，不得不离婚，昔日才女变成了今日的怨女；只有平娟事业顺利，家庭和睦。

刘静认为，完美的爱人、浪漫的爱情能使婚姻充满激情、幸福、甜蜜，但是，世上真的存在完美的爱人吗？况且，即使你找到了自己认为最美满、最浪漫的爱情，一遇到现实的婚姻生活，浪漫的爱情立刻就会溃不成军，因为你喜欢的那个浪漫的人，进了"围城"之后就再也无法继续浪漫了，这样你会失望，失望到你以为他在欺骗你；而如果那个浪漫的人在"围城"里继续浪漫下去，那你就得把生活里所有不浪漫的事都担待下来，那样，你会愤怒，你以为是他把你的生活全盘颠覆了。

丽梅自视清高，把精神共鸣和情趣一致作为唯一的择偶条件，她期望组织一个精神生活充实、有较强支撑感的家庭，希望夫妻之间不仅有共同的理想追求和生活情趣，还有共同的思想和语言。可事实证明她错了，她的错误并不在于对对方的学识和情趣提出较高的要求，而在于这种要求有时比较偏狭和单一。实际上，伴侣之间的情趣并不一定限于相同层次或领域的交流，它的覆盖面是很广泛的，知识、感情、风度、性格、谈吐等都可以产生情趣，其中，情感和理解是两个重要部分。情感是理解的基础，而只有加深理解才能深化彼此间的情感，双方只要具备高度的悟

性,生活情趣便会自然而生。

平娟的爱也许有些傻气，但恰恰是这种随遇而安的爱使她得到了他人难以企及的幸福。在爱情中,感觉的确很重要,感觉找对了,就不要考虑太多,不然会错过好姻缘。将来的一切其实都是不确定的，不确定的才是富于挑战的,等到确定了,人生就会失去不确定的精彩。平娟很庆幸自己及时地把握了自己的感觉,青春的爱情无法承受一丝一毫的算计和心术。

那些像平娟一样顺利地建立起家庭的青年,似乎都有一个共同的特征,即糊涂而为,率性而立,不过分挑剔。爱情中的理想化色彩是可以适度保留的,但是"理想"得近乎苛求,标准变成了模式,便容易脱离生活实际,显得虚幻缥缈。

2.不接受不完美的遗憾,就没有美满的婚姻

选择婚姻就像是射箭,无论你感觉自己瞄得多准,在箭出去之后,它能否正中靶心,谁都不敢肯定——如果当时起了一阵微风,或者箭本身有些小故障,总之,一些不可预知的小意外常常会导致不完美的结果。

婚姻也充满了不完美的意外,大多数男女在互赠钻戒的

那一刻，心中都欣喜不已，以为自己的婚姻肯定会非常圆满，但渐渐地，很多在结婚前没有预想过的不完美，一样样地凸现出来，让人措手不及。

玲是一个各方面条件都不错的白领女性，但就是这样一个优秀的人，却经历了三次失败的婚姻。情感上的屡受波折和打击使她痛苦不堪："究竟是我选错了结婚的对象，还是我根本不适合结婚？"

玲认为自己挑选伴侣还是十分慎重的。28岁那年，她与一个年龄比她小几岁但真诚正直的男孩子结了婚。玲曾一度为找到这样一个心地纯真、一心一意爱她的伴侣而庆幸，然而好景不长，随着玲事业的顺利发展，她的社交活动愈发频繁，她渐渐觉得老带着这么一个小孩似的老公在身边十分尴尬。出席正式场合时，他也总穿着廉价随意的T恤、牛仔，加上他既性格内向，不懂应酬，又只是个小职员，玲越来越觉得丢脸。但老公却不以为然，下班回来依旧只知道玩游戏，丝毫没有做出改变的想法。玲想：如此没有进取心，双方差距一定会越来越大，怎能依托终生？最终，玲选择了离婚。

玲的第二次婚姻选择了一个年龄略大、事业有成的成熟男性。他长袖善舞，将玲和玲的家人都照顾得很好，但玲对他的满意并没有维持多久。每当玲劳心劳力工作了一天，晚上回家期望享受一下家庭温暖，休憩疲惫的身心时，老公却常常在外应酬，家里冷冷清清的。玲想：这和没结婚有什么区别？我也是职业女性，钱我自己可以赚，社会地位我自己可以争取，你事业再成功我又不靠你，可寂寞难耐的滋味只有我自己品尝。于是，玲又离婚了。

最后一次，玲牢记"门当户对"的原则，找了个和她年龄、收入、文化程度都相当的老公，也是一家公司的中层管理人员。两个人因为经历相似，很有共同语言，于是玲满怀信心地欣然结婚。然而时间一长，玲又觉得他话太多，每晚回家都要絮絮叨叨地抱怨工作辛苦，公司里的人事斗争阴险惨烈，如此等等，听得玲耳朵起老茧，想安心听听音乐、看看电视都不得清静，气恼之余常常打断他的话，还忍不住要讽刺他几句。于是，两人矛盾渐多，争吵不断，婚姻又陷入了危机。玲迷茫了："难道现代人已丧失了营建幸福婚姻的能力？"

从玲的三次婚姻经历，我们不难看出，在结婚这件事情上，虽然人们的心理需求复杂多样，但只要是自愿选择的伴侣，往往都是满足了我们某些重要的需求的。正因为如此，我们才会在刚开始时心满意足，沉浸在爱河中，觉得对方十全十美。可是激情总会淡下来，婚后的我们会意外地发现，已满足的需求渐渐变得微不足道，未被满足的需求日益凸显，渐渐膨胀，于是，我们觉得对方越来越不完美。当这些不完美变成了遗憾，不少人不禁惊呼：结错了婚！找错了人！

其实，完美无缺的婚姻只存在于恋爱时的遐想里。像玲这样的婚姻屡败者正是因为固守着这个追求完美的理想，才与幸福的婚姻失之交臂。所有的幸运和幸福不可能都降在一个人身上，有爱情的人不一定有金钱，有金钱的人不一定有快乐，有快乐的人不一定有健康，有健康的人不一定有激情……向往和追求美满精致的婚姻，就像希望花园里的玫瑰全在一个清晨怒放，那是不可能的。

所以，要有幸福的婚姻，首先要接纳对方的缺点，接纳婚姻的缺憾，要不断发掘和感受对方身上哪怕是一些小小的优点，常怀惊喜和感激之情。更重要的是，不要老是诉求自己的需要，而要多想想对方的需要。

"世间丈夫彼此间的差异微乎其微，所以你还是将就留着第一个吧！"在美国，阿黛尔·罗杰斯·约翰斯算是个著名人物，因为她结婚、离婚达 5 次之多，最后，她用这句话来给自己的婚姻历程做了简短概括。阿德勒也说："幸福婚姻的最高原则，是自始至终把对方的利益置于自己的利益之上。"

3.如果爱,就别苛求完美

有人说,爱情让人盲目;还有人说,处于恋爱期间的人智商为零。这些话一点都不假。在热恋中的人看到的永远是浪漫和甜蜜,即便是缺点,在他(她)眼中也变成了可爱的地方。你爱的那个人的周身都被某种光环所笼罩,见到他(她)就像看到了满世界的阳光,原本的阴霾会顿时消散得无影无踪。爱情的力量足够伟大,和相爱的人在一起,困顿不堪的岁月也会变成美好的回忆,在彼此的心中沉淀或升华。

但是,一旦有一天,当爱情归为现实,当婚姻走进日常的生活,我们就会发现,原来对方身上有这么多自己无法接受的缺点甚至缺陷。当这种情绪持续地存在,彼此的感情就不可避免地会发生危机。

有一个女孩和一个男孩在众人的祝福中走进了婚姻的殿堂,可是婚后,女孩却觉得生活并没有她想象的那样美好,两个人经常因为一点小事而争吵。因此,她经常跑到娘家诉苦,有时候无法抑制自己的情绪,一边哭泣一边说着丈夫的种种不是。

这天,在她哭完之后,母亲起身拿一支笔和一张白纸,对她说:"这样吧,你现在拿着笔往白纸上点点,你丈夫有一个缺点，你就在纸上点一个点。"

　　女儿顺从地接过了笔，开始在白纸上点点。她一边哭，一边想着丈夫的缺点，想到之后就狠狠地在白纸上点着。等她点完之后，把那张纸交给了母亲。母亲又把纸递给她，对她说："女儿，你看这张纸上是什么？"女儿说："黑点啊，这上面全是他的缺点。"母亲又说："你再看看，看看还有什么？"女儿瞪大眼睛重新审视了一番，说："上面除了黑点就是白纸，也没有什么别的东西了。"母亲笑了，语重心长地说："对啊，白纸比黑点大得多，你怎么只看到黑点呢？你一定是只看他的缺点啦。来，你再数一下他的优点。"女儿停止了哭泣，开始数起丈夫的优点。她数着数着，脸色慢慢舒缓了起来，最后发现丈夫的优点还是蛮多的。这时，她心里再也没有了怨气，她感激地对母亲说："妈妈，我知道了，谢谢你。"

　　在婚姻生活中，很多争执和矛盾都是由于我们只看到了对方的缺点而忽视了对方的优点引起的。

　　我们应该知道，爱的本质是包容。当两个素不相识的人由相爱走向婚姻，就注定了要付出一些牺牲。毕竟，婚姻不是花前月下、卿卿我我的唯美浪漫，也不是莽撞少年的缠绵与誓言，而是烟火生活中的相濡以沫和相互体谅。婚姻爱情的美丽和可贵，不是誓言的多少和承诺的天荒地老，而是相互包容和理解。

一对夫妻经常相互抱怨对方。丈夫认为自己每天工作非常辛苦，回家后没力气做家务；妻子认为自己每天有做不完的家务活，从早忙到晚，累得要命，连工作都丢了。于是，他们决定互换角色，让对方体验一天自己的生活。

第二天清早醒过来，夫妻角色对换。作为一个"女人"，他早早起床，准备早餐，叫孩子们洗脸刷牙，照管他们吃早餐，然后开车送他们去学校，之后去超市采购。回到家，他又要整理床铺，洗衣服，打扫房间。等干完这些，孩子们放学的时间到了，于是，他又冲到学校去接孩子。到家后，他准备好点心和牛奶，监督孩子们做功课。傍晚，他开始准备晚餐。吃完晚饭，他开始洗碗，收拾厨房，然后给孩子们洗澡，给他们讲故事，哄他们上床睡觉。晚上十点，他已经撑不住了，可是屋子还没收拾，衣服还没洗……

这边，妻子也开始体验丈夫的生活。一大早到公司后，她照常开例会。会议结束后，她跟同事一起商议当天的工作安排，回到办公室不停地接打电话，跟客户洽谈。到了午饭时间，顾不上出去吃饭，叫了外卖，一边吃一边工作。下午出去见客户，经过6个小时的磋商，终于谈成了一笔大项目。这时已经是晚上七点，客户要求出去庆祝，喝酒、唱歌、聊天，晚上回到家已经是凌晨两点了。这时，丈夫还在客厅等着她。

经过这番体验，两人不发一言地拥抱在了一起。

在朋友之间，我们常常能做到感恩与报答。而夫妻之间因为有一纸婚约，彼此之间便把对方做的任何事情都看作理所当然，时间一久，自然就会熟视无睹，甚至还会鸡蛋里面挑骨头。

如果我们不能爱一个人的本来面目，而是爱上了我们期待中那个完美的他（她），我们就会一直失望，而他（她）也会因为压力过大而沉默和崩溃。

婚姻是一种缘分，需要珍惜。宽容是保持婚姻稳定和幸福的基本品德，因为世界没有十全十美的人！

２０多岁的年轻人，心里承载了太多对完美的期待，然而，一份健康的情感不可能脱离现实而存在。如果你爱一个人，绝对不是因为他（她）的完美，那种将爱人的一切都理想化的人，最终免不了要吃点苦头。要想让自己的婚姻变得更加牢固，让家庭变得更加美满幸福，就应该用一种包容的心态去对待对方，用理性的思维去解决双方的矛盾和冲突，这样的感情才会持久，这样的婚姻才能更幸福。

4.珍惜眼前所拥有的，才是最美好的

他和她结婚整整10年了，夫妻间已经没有了最初的激情，他对她也越来越感到厌倦。尤其是单位新调进了一个年

轻活泼的女孩,对他发起了疯狂的追求,他突然觉得这是自己的新希望。经过再三考虑,他决定离婚。她似乎也麻木了,很平静地答应了他,两个人一起走进了民政局。

手续办得很顺利,出门后,两个人已经是各自独立的自由人了。不知为什么,他心里突然有种空落落的感觉。他看了看她,说道:"天已经晚了,一起去吃点饭吧。"

她看了看他说:"好吧,听说新开了一家'离婚酒店',专门提供离婚夫妇的最后一顿晚餐,要不,咱们到那儿去看看?"

他点了点头,两人一前一后默默地走进了离婚酒店。

"先生,女士,晚上好。"二人在包间刚坐下,服务小姐便走了进来,"请问两位想吃点什么?"

他看了看她,说:"你点吧。"

她摇了摇头,说:"我不常出来,不太清楚这些,还是你点吧。"

"对不起,先生,女士,我们离婚酒店有个规矩,这顿饭必须要由女士点先生平时最爱吃的菜,由先生点女士平时最爱吃的菜,这叫'最后的记忆'。"

"那好吧,"她理了理头发,说道,"清蒸鱼、熘蘑菇、拌木耳。记住,都不要放葱姜蒜,我爱人……这位先生不吃这些。"

"先生呢?"服务小姐看了看他。

他愣住了,结婚10年,他真的不知道老婆喜欢吃什么。他张着嘴,尴尬地愣在了那儿。

"就这些吧，其实这是我们两个人都爱吃的。"她连忙打起了圆场。

服务小姐笑了笑，说道："说实话，到我们离婚酒店来吃这最后一顿晚餐，所有的先生和女士其实都吃不下去什么，所以这'最后的记忆'咱们还是不要吃了吧。就喝我们酒店特意为所有离婚人士准备的饮品吧，这也是所有来的人都不会拒绝的选择。"

两人点了点头："那就来饮品吧。"

很快，服务小姐送来了两份饮品，一份淡蓝一片，全是冰渣；一份满杯红润，冒着热气。

"这叫'一半是火焰，一半是海水'，两位慢用。"服务小姐介绍完便退了下去。

包房里静悄悄的，两个人相对而坐，一时竟不知道该说什么好。

这时，突然响起一阵敲门声，服务小姐又走了进来，托盘里放着一枝鲜艳的红玫瑰。服务员说："先生，还记得您第一次给这位女士送花的情景吗？现在一切都结束了，夫妻当不成就当朋友，朋友要好聚好散，最后为女士送朵玫瑰吧。"

她浑身一抖，眼前又浮现出了10年前他给她送花的情景。那时，他们刚刚来到这座举目无亲的城市，什么都没有，一切从零开始。白天，他们四处找工作，晚上，为了增加收入，她去晚市出小摊，他去给别人刷盘子。一直工作到很晚，两人才一起回到租的那间不足10平米的地下室。日子很艰苦，但他们却觉得很幸福。到省城的第一个情人节,他为自己买了一朵红玫瑰,她幸福得流下了眼泪。10年了,一切都好起来了,可两个人却走向了分离。她想着想着,泪水盈满了双眼,她摆了摆手说:"不用了。"

他也想起了过去的10年,他这才记起,自己已经有五六年没有给她买过一朵玫瑰花了。想到这,他摆了摆手说道:"不,要买。"

谁知,服务小姐却拿起了玫瑰花,并将其撕成了两半,分别扔进了两人的饮料杯里,玫瑰竟然溶解在了饮料里。

"这是我们酒店特意用糯米制成的红玫瑰,也是送给你们的菜肴,名叫'映景的美丽',两位请慢用,有什么需要直接叫我。"服务小姐说完,转身走了出去。

"我……"他一把握住她的手,有些说不出话来。

她抽了抽手,没有挣脱,便不再动弹。两个人静静地对视着,什么也说不出来。

"啪!"突然,灯熄了,整个包房里漆黑一片,外面警铃大作,一股烟味儿飘了进来。

"怎么了?"两个人急忙站了起来。

"店起火了,大家马上从安全通道走!快!"外面,有人声嘶力竭地喊了起来。

"老公!"她一下子扑进了他的怀里,"我怕!"

"别怕!"他紧紧搂住她,"亲爱的,有我呢。走,往外冲!"

包房外面灯光通明,秩序井然,什么都没有发生。

这时,服务小姐走了过来:"对不起,让两位受惊了。酒店并没有失火,烟味儿也是特意往包房里放的一点点,这是我们的另一道菜,名叫'内心的选择'。请回包房。"

他和她回到了包房,灯光依旧。他一把拉住她:"亲爱的,服务小姐说得对,刚才是你我内心真正的选择。其实,我们谁都离不开谁,明天咱们复婚吧!"

她咬了咬嘴唇:"你愿意吗?"

"我愿意,我现在什么都明白了,明天一早咱就去复婚。小姐,买单。"

服务小姐走了进来,递给两人一人一张精致的红色清单:"先生女士好,这是两位的账单,也是本酒店的最后一道赠品,名叫'永远的账单',请两位永远保存。"

他看着账单,眼泪淌了下来。

"你怎么了?"她连忙问道。

他把账单递给了她:"亲爱的,我错了,我对不起你。"

她打开账单一看,只见上面写着:一个温暖的家;两只操劳的手;三更不熄等您归家的灯;四季注意身体的叮嘱;无微不至的关怀;六旬婆母的微笑;起早贪黑对孩子的照顾;八方维护您的威信;九下厨房为了您爱吃的一道菜;十年为您逝去的青春……这就是您的妻子。

"老公,你辛苦了,这些年也是我冷落了你。"她也把自己的那份账单递给了他。他打开账单,只见上面写着:一个男人的责任;两肩挑起的重担;三更半夜的劳累;四处奔波的匆忙；无法倾诉的委屈；留在脸上的沧桑；七姑八姨的义务；八上八下的波折；九优一疵的凡人；时时对家对子的真情……这就是您的丈夫。

两个人抱在一起，放声痛哭。

结完账，两人对经理千恩万谢，手牵手回了家。看着他们幸福的背影，经理微笑着点了点头说："真幸福，咱离婚酒店又挽救了一个家！"

也许你认为这样的事情不会发生在现实生活中，不过，这无关紧要，重要的是，我们通过这个故事懂得了一些东西，那就是不要等失去了才想到曾经的美好。

一日，一个年轻人和一位智者一起行走在路上。年轻人问道："人人都说爱情是这世上最美好的东西，那么爱情究竟是什么呢？"

智者没有立即回答，而是指着不远处的一片瓜地说："那片瓜地中现在长满了西瓜，你先去挑一个最大最好的回来，我就告诉你。但有一个要求，在这片地里，你只能摘一次西瓜，而且不许回头。"

过了半晌，年轻人垂头丧气地空手而归。智者问道："地里有那么多西瓜，你为何一个都没有摘到呢？"

年轻人回答："我总以为前边会有更大更好的西瓜，于是就一直向前走，结果走到头却发现最好的西瓜都在途中，于是就只好空手而回了。"

智者哈哈一笑说道："爱情就像是你刚才摘西瓜一样，总以为后边的会更好，于是一直寻找，结果有可能什么都得不到。"

年轻人似有所悟地点了点头。之后，智者又让他进了一次瓜地，还是和第一次一样的要求。

不一会儿，年轻人就抱着一个沉甸甸的西瓜回来了。

"这是这片地里最好的西瓜吗？"智者问。

"我不知道，但我怕又像第一次一样什么也得不到，于是就挑了一个看起来不错的回来。这个西瓜也许不是最大的，但吃起来一定不错，因为从外表来看，它已经成熟了。"年轻人乐呵呵地答道。

智者笑着说："这就是婚姻。虽然它同爱情的最初目的是一样的，却比爱情更加理智。因为婚姻选择的是自己觉得还不错的，看起来适合自己口味的，而不是这一整片地里最大最好的。"

爱情里，没有最好的，只有最合适的。朝三暮四，最终只会一无所获；只有懂得珍惜和知足的人，才能拥有美满的幸福。

不要说："茫茫人海，芸芸众生。只要愿意等，总有一天能找到那个属于我的完美另一半。"也不要总是觉得身边的人不够好，后悔自己当初的选择。在这个世界上，不乏让我们怦然心动的佼佼者，然而，世事可以完满者甚少，恰好两情相悦的事情发生的可能性又有多大呢？

在茂密的森林中，如果你看中了一棵树，也许它在别人的眼里枝叶既不茂盛，树干也不是很笔直，但只要是适合你的，你就应该为自己的选择而欣慰。

我们要相信，生活给予我们的都是福报。如果不想与幸福擦肩而过，就不要放弃身边那个一直喜欢着的人。否则，如果错过了青春，错过了一个人，可能就再也回不去了。不断逝去的岁月抹去的不只是青春，还有你对幸福的感知度。粗砺的生命已经无法体触光滑如缎的爱情，至少不再如你想象中的那样纯粹，因为你早已学会了审视人生的得失，习惯了用一定的标准去衡量情感的厚薄，会去思考是否值得，并试着探究这喧哗背后的人世沧桑和辉煌侧面的阴影。

所以，我们要珍惜自己现在所拥有的，好好对待自己的爱人。爱上每时每刻的拥有，才能保证一辈子的幸福。

5.爱人没有最好，只有最合适

张小娴曾经说过："爱上一种味道，是不容易改变的。即使因为贪求新鲜，去尝试另一种味道，始终还是觉得原来的那种味道最好，最适合自己。"

金属锡痛恨自己太软弱，一直都想让自己变得坚强些。锡知道金刚石非常坚硬，它渴望金刚石能够吸收自己，却遭到了拒绝；锡又找到了生铁，没想到还是被拒绝了。

屡屡碰壁，锡的心里很难过。它把自己的苦闷告诉了和它一样软弱的金属紫铜："我们都很软弱，谁能帮我们呢？"

紫铜说："你也不要伤心了。如果你不嫌弃的话，我们结合在一起吧！"于是，伤心欲绝的锡投入了紫铜的怀抱。

然而，就在它们结合的那一刻，奇迹发生了，锡和紫铜变得很坚硬，它们还有了一个共同的名字——青铜。

生活中总有这样的情景：一个帅气的男孩选择了相貌平平的女孩做女友，一个美丽的女人嫁给了一个身材矮小的男人做妻子，一个才华横溢的男人甘愿与一名普通的女工过一生……他们看起来是如此不般配，却过得非常幸福。或许你曾质疑过他们的选择，也曾一度想要知道他们幸福的奥秘是什么。此刻，我相信你已经从上面的故事中找到了你想要的答案。

两种同样软弱的金属物质，结合在一起后变得异常坚硬，这也暗喻了一点：在爱情和婚姻中，最合适的就是最好的。如果把锡比作女人，把紫铜比作男人，那么，这两个最合适的人结合起来，就是幸福。但是，并非每个人都能在爱情路上做出正确的选择。事实上，人们总要在亲身经历了一些事情之后，才能真正领悟到其中的真谛，不过，这也好过执迷不悟。

　　在我们一生中，谁是最适合我的人？谁是能与我白头到老的人？我们在面临选择时，总是问自己这样的问题。

　　两性之间的捕捉与追逐是最常见的爱情形式。但爱情是追到手的吗？显然不是。爱情是两个人、两颗心的相互靠近，在你喜欢上他的那一刻，也许他也喜欢上了你。

　　真正的幸福，不是寻找到最优秀的人相伴，而是找到最适合的人相随。真正的了解，不是看清他的人，而是懂得他的心。

　　雨雯是个优秀的女孩，人长得漂亮，工作能力强，身边不乏追求者。不过，雨雯对于选择男朋友的事很谨慎，她的态度就是宁缺毋滥。

　　雷奥是雨雯大学时代的校友，是个儒雅的男人，他对雨雯一直情有独钟；公司的同事乔安是个事业型的男人，对雨雯也颇有好感。两个人对雨雯都展开了猛烈的追求，周围的朋友劝雨雯选择乔安，说这样的成功男人不可多得；雷奥倒是人不错，可总觉得雨雯嫁给他这样一个平常的男人有点委屈。朋友们的话雨雯听在心里，可她有自己的想法。

　　在雨雯生日那天，她收到了两份特别的礼物。雷奥和乔安都知道雨雯几天后要参加姐姐的婚礼，于是不约而同地为她买了鞋。乔安送了雨雯一双古奇的高跟鞋，是当下最流行的款式；而雷奥却送了一双普通的、看似有点老气的坡跟凉拖。看到这两份礼物之后，雨雯在心里做出了选择。

朋友们笑雨雯傻："齐安那么有品位的男人你不要，非要雷奥这个土老帽。你看看他送的鞋子，怎么能在婚礼上穿呢？"雨雯笑了笑，说雷奥更适合自己。

原来，雨雯的脚一直有伤，每次穿高跟鞋的时候，脚后跟都会疼。在婚礼上，她要给姐姐做伴娘，一天下来肯定会很累，如果穿高跟鞋，脚会痛得走不了路，穿坡跟鞋会更舒服一点。雨雯觉得自己在生活中是个粗心大意的人，有时会为了工作废寝忘食，她渴望有个人在身边照顾自己、关心自己，这份踏实和细心正是雨雯所需要的。至于乔安，或许他是浪漫的、懂柔情的，但雨雯的世界最需要的并不是这些，她要的是一个贴心的爱人。

有人说，爱情就是当你知道对方不是自己所崇拜的人，而且明白对方还有着种种缺点，却仍然选择了对方，并不因为他的缺点而否定其全部。雨雯知道雷奥不懂风情，不像乔安那样了解女人的心思，但她仍旧选择了他，只因为他适合自己。

6.你若变得宽容,他亦变得完美

生活中,我们都希望爱人能够包容自己的小缺点、小情绪,可反过来却总是苛责对方,觉得他(她)这里做得不够,那里做得不好,常为一些小事争得面红耳赤。时间久了,吵得多了,感情也就走了样。待到真的失去时,再回顾过去的种种,发现不过都是些鸡毛蒜皮的小事,并没有什么原则性的问题,只是当时太过挑剔,不懂包容。

其实,不管多相爱的夫妻,都会有拌嘴的时候,唯有互相宽容,才能把这些不和抹平。不懂得包容和付出,不懂得珍惜,就算幸福摆在眼前,也只能任它从指缝间溜走。

一位弟子到导师家里做客,发现导师和师母的关系十分融洽,就笑着问起了他们的相处秘诀。导师笑着说:"没什么,就是吃惯你师母做的饭菜了,不是她亲手做的吃不饱。"弟子笑着问师母:"是这样吗?"师母回答道:"我倒觉得自己的厨艺一般,只是我神经衰弱,晚上听惯了他打鼾,要是听不见的话,反而睡不踏实。"

几天后,弟子与导师出去写生,发现导师对外面的饭菜很"钟情",吃得比在家里还多还香。弟子随即拨通了导师家里的电话,叮嘱保姆:"导师不在没有打鼾的声音,你一定要关照好师母的休息。"保姆笑着说："只有导师不在的时候，师母才能睡得好一些。"

这回，弟子终于明白了，导师与师母之所以能够相濡以沫，就是因为彼此宽容，彼此谅解。

莎士比亚在名剧《威尼斯商人》中说道："宽容就像天上的细雨滋润着大地。它赐福于宽容的人，也赐福于被宽容的人。"

想要获得幸福的婚姻，就该怀着一颗宽容的心，豁达大度，笑对生活。有时候，不需要动气动怒，一句温婉贴心的话，一个幽默的玩笑，就能化解尴尬的局面，消融人与人之间的矛盾，填平感情的沟壑。

婚后的日子，他们相濡以沫，这种状态让周围不少人羡慕。她很细心，丈夫也很能干，几年之后，丈夫开办了一家自己的公司。因为业务忙、应酬多，丈夫陪她的时间少了，可她从不担心。她一直相信丈夫，也相信两个人的感情。

半年后，一些风言风语传进了她的耳朵里。有人告诉她，丈夫跟公司里的女助理走得很近，让她多留心。不管别人怎么说，她依然相信丈夫。直到有一天，她无意间看到了丈夫手机上的短信，她才知道，丈夫真地背叛了自己。

她没有吵闹，也没有质问，丈夫心知有愧，主动说出了他和女助理之间的事。其实，是女助理对他心生爱慕，而他在酒醉之后一时情迷,犯了错误。他说,女助理是一个不要承诺、不要回报的优秀女人,这样一个有魅力的女人,他实在难以抗拒,可他内心也希望女助理能早点找到属于自己的幸福。

她能理解。纵然丈夫心里爱着自己,可面对外面的诱惑,难免会动心。可是,该怎么做呢?她把自己反锁在房间里,认真思考着他们的婚姻。没错,他们的生活看起来很幸福,可平静的表面下却暗潮汹涌,而这一切都怪她平日里太疏忽了,忽视了对丈夫的关注。想来想去,她觉得应该原谅他。

后来,她独自去见了那位女助理。确实,那是一个有气质的美丽女人。两个女人相见,没有歇斯底里,也没有谩骂侮辱,只是安静地审视着彼此。女助理说:"我知道他一直爱着你,在这场争夺战里,我一直都是个失败者。"她回应道:"你是个很优秀的女孩,你应该有更加美好的人生,应该有一个真心实意爱你的丈夫。爱一个男人,并非要拥有他,而是要他幸福。现在,他有一个完整的家,我希望你能让他享受这份温暖而平静的生活。"

几天之后,女助理辞职了,她和丈夫的关系也缓和了很多。丈夫面带愧疚地对她说:"对不起,是我错了。你是我这辈子最爱的女人,我也谢谢你,为我保全了这个家。"

一位哲人说过一番耐人寻味的话:"天空收容每一片云彩,不论其美丑,故天空广阔无比;高山收容每一块岩石,不论其大小,故高山雄伟壮观;大海收容每一朵浪花,不论其清浊,故大海浩瀚无垠！"

宽容,是理解的传递,是信任的途径,也是爱的箴言。瑕疵和遗憾本就是生活的组成部分，婚姻中更要容得下沙子。要让婚姻持久清新,要想成为爱人坚强的后盾,就需要在相濡以沫的日子里付出更多的理解和宽容,用理性和宽容来引导婚姻之水,让它按着自己祈望的方向细水长流。

7.爱是用来相爱的,不是用来比较的

有很多人在经历了爱情的失败之后,迟迟无法接受下一段美好的爱情,究其原因,往往是因为这些人总是把离开了自己的人当成了以后择偶的标准，每当再次面临选择时,常常会有意无意地把新的对象和以前的恋人进行比较。这种比较对新的对象来说是不公平的。对于大多数人来说,越是得不到的东西,越是弥足珍贵,所以,一段失败的感情反而成就了那个昔日情人在心目中的高大形象,内心深处难以抹去被美化了的初恋情人的幻影,这会产生对后来者的失望和百般挑剔,导致爱情更加不顺利。

所以,要想幸福,就别比来比去。

张乐跟高新交往了两个月后确定了恋爱关系。她总喜欢问高新:"是我好,还是你以前的女友好?""是我漂亮,还是你以前的女朋友漂亮?"每次,男孩都会被这样的发问弄得既尴尬又扫兴。

一次,张乐无意中得知男友的银行卡密码是他前任女朋友的生日,她大发雷霆,觉得高新还爱着以前的女孩,于是很伤心地向他提出分手。

这一次,高新显得很生气,他认真地对女孩说:"现在,我们的感情这么好,为什么非要把以前的事情揪出来,让我们起争执呢?我爱的是现在的你,不是过去的她。不要再去比较了,那没有任何意义!"

张乐仔细想了想,认识到是自己太任性了,总是去碰触他曾经的伤疤,也许他回想起来会更痛苦。既然他已经选择了和自己在一起,自己又何必在意他曾经属于过谁呢?

每个人都会有过去,恋爱关系和婚姻关系的正常解体也并不是什么丢人的事,分手与被分手,如果对双方都有好处,那就应该积极对待,至少没有让错误继续下去甚至进一步扩大。

真诚的爱都是一样的,但既然已经选择了分手,必定有一些怎么也不能在一起的原因。如此,我们何必因为过去的虚无而错失现在的幸福呢?对他的宽容,也是对感情的负责。

爱情是不能比较的,一味地比较只能证明你对这次的爱情没有信心。而且，比较似乎会让人上瘾。只要尝过一次"更好"的滋味，你就会想寻求更多的"更好"，这样，你的眼睛就会总盯着别处，而看不到自己眼里的风景。

　　姚宁在大学时代就和同班同学紫琼谈起了恋爱，两个人的感情一直很稳定，可大学毕业后，紫琼去了美国留学，姚宁考虑到自己的事业在国内更有前途，所以没有去国外的打算，而紫琼又不想很快回国，最终两个人经过协商，友好地分手了。

　　一次偶然的机会，一名叫李晓会的女护士闯进了姚宁的视线。经过长时间的观察，姚宁发现李晓会虽然只是中专毕业，但人长得很漂亮，而且为人热情、大方、善良而又有耐心，他觉得这种女孩非常适合做自己的妻子，因为自己是个事业狂，如果能够娶到李晓会这样的女孩，她一定会是个贤内助，肯定能成为自己发展事业的好帮手。于是，他展开了狂热追求，并成功将对方追到了手。

　　为了避免不必要的麻烦，姚宁从未对李晓会说起过自己以前和紫琼的那段恋情。也正如姚宁所想的那样，李晓会对他的事业果然帮助很大。休班的时候，李晓会总是到姚宁的住处帮他打扫房间、洗衣、做饭，有时还会帮他查阅、打印资料，两个人充分享受着爱情的甜蜜和美满。

　　可是，有一天，姚宁的一位大学同学从外地来这里出差，晚上在饭店为老同学接风的时候，姚宁带李晓会一起去了。

由于久别重逢，姚宁和那位老同学都感到很兴奋，所以两个人都喝得有点多。喝醉酒后，那个老同学说话便有点没有顾忌。他对姚宁说，他们这些老同学都对姚宁和紫琼的分手感到十分遗憾，因为紫琼是那么才华横溢，将来肯定能在事业上大有作为，两人就是天造地设的一对。

虽然那位老同学后来也说，今天见了李晓会后，也就不再遗憾了，因为李晓会的漂亮和善解人意都是紫琼所无法比拟的，但这丝毫没有减轻李晓会知道此事后心中的痛苦。她第一次知道在自己之前，姚宁还有过一个聪明而有才华的女朋友，尤其是那个女朋友比自己优秀得多：她比自己学历高，还去了美国留学。在李晓会看来，姚宁之所以要对自己隐瞒这段感情，一是因为紫琼为了出国抛弃了他，他出于一个男人的自尊不愿意对自己提起；二是因为他至今都忘不了紫琼，而自己则完全是姚宁用来掩饰心灵创伤的一张"创可贴"，她为自己成了紫琼在姚宁心目中的替代品而感到可悲。

所以那天回家后，李晓会跟姚宁大闹了一场，尽管姚宁百般解释自己一心一意地爱着她，紫琼完全属于过去，但李晓会的心中还是产生了疙瘩。在以后交往中，李晓会总是会处处自觉或不自觉地拿紫琼与自己比较，常常让姚宁防不胜防。有时姚宁夸李晓会几句，她就会猛不丁地来上一句："你以前是不是也常常这样夸紫琼？"如果有时候李晓会什么事情没做好，姚宁向她提意见，她就会反唇相讥："对不起，我就是这种水平，谁叫你放走了才女，而交了我这个低学历、没本事的女朋友呢，后悔了吧！"

一次，姚宁要去美国出差，李晓会一边帮他收拾行李，一边问："就要见到紫琼了，心情一定很激动吧？"当时姚宁正急着整理去美国要用的一些资料，就没顾得上搭理李晓会，这让李晓会更加误会了，她又说："好马也吃回头草，如果现在紫琼还是一个人的话，你们这次就在美国破镜重圆了吧。"

这时，姚宁不耐烦地说了一句："你怎么又拿紫琼说事，烦不烦啊！"不料，李晓会脸色大变："我学历低，能力差，不能和你比翼齐飞，你当然烦我了。要烦了就明说，别遮着捂着，搞那一套此地无银的伎俩，我不是那种没有自尊、非要赖上一个男人不可的人。"说完便转身离去了。

由于第二天就要启程去美国，所以姚宁就想等回国后再去找她解释。可令他没有想到的是，等他回国后，李晓会已经火速地经别人介绍认识了一个男朋友，她对他说："我现在的男朋友各方面都不如你，我这么急着另找一个人，也是为了逼自己坚决离开你，我必须自己断了自己的回头路。"

爱人的前一段感情很容易导致后来者惦记那个离爱人而去的人，他或她不但自己对以往的人或事耿耿于怀，更会不断地提醒对方永远不要忘记。如此一来，那个原本已经成为了过去、跟现在毫不相干的人便会长期纠缠在两个人的爱情生活中，最终导致情感危机。

爱人的职责，就是支持、帮助自己的另一半实现他们的理想，在这个过程中不要挑剔他，不要拿他来和周围的过去的某人相比，而应该温柔地鼓励他、赞赏他，为他加油打气。

其实，当初男肯娶、女肯嫁，已经代表了对对方的肯定，至少在结婚之初，大家确认彼此就是自己可以相守一生的伴侣。婚姻是既实在又琐碎的，激情消失之时，双方缺点就会暴露无遗，此时，切不要拿对方恋爱时的模样与现在相比，更不要拿别人跟他比。在这种比较中，常常会产生嫉妒、愤怒、自卑等消极情绪，从而构成对自己目前恋情的致命威胁。所以，在爱情的选择中，不妨糊涂一点。

8.不是每一朵花都能如期开放

在生活中，当爱成为彼此间的束缚时，一定要学会放手，给彼此充分的自由，这样才能在对方面前保持起码的自尊，让爱成为生命中的一种永恒的美丽。

施恩和雨燕在大学里就确立了恋爱关系。在学校里，两个人一起上课、读书、逛街，校园的林荫道上经常能见到这对亲密的情侣手牵着手散步，食堂里也经常出现两张写满幸福的笑脸。4年的花前月下让这对心心相印的年轻人对未来充满了无限美好的期待和渴望。

毕业后，两个人在同一所城市工作。每天下班后，两个人回到租的房子里度过甜蜜的二人世界，没有惊喜浪漫，也没有恼怒争吵，只是经营着简单的幸福。

到了谈婚论嫁的年龄后，两个人决定告诉双方的父母。可是，雨燕的父母知道施恩只是一个穷小子，无论如何也不同意把自己的宝贝女儿嫁过去受苦。雨燕苦苦哀求，可两位老人却没有松口，后来还把她骗回了家，想通过隔绝两个人的联系来让雨燕忘掉施恩，结束这段"门不当户不对"的感情。然而，天性倔强的雨燕却不愿意任由父母摆布，几次三番地试图逃出。父母看到后，决定让她出国留学。雨燕依然选择了对抗，拒绝父母的安排。在争吵的僵持中，不觉已经过去了几个月。几个月里，手机被没收的雨燕一直没有和施恩联系。

有一天，雨燕的一个大学同学来看望她，带来了一个十分震惊的消息：心灰意冷的施恩放弃了这段没有结果的爱情，和一个乡下姑娘结婚了。这简直就是晴天霹雳，雨燕呆住了。想起大学时两个人的恩恩爱爱，又想到以后再也不能和施恩在一起，雨燕心痛得好像针扎一样。施恩的放弃让自己的等待和抗争变得毫无意义，她对这个在自己面前说过无数次甜言蜜语的家伙充满了痛恨。痛苦不堪的雨燕在以泪洗面几日之后,感到生活彻底没有了希望,最终在一个夜晚用一瓶安眠药结束了自己的生命。

"背不动,就放下",这是一句至理名言。无法挽回的爱情就是沉重的包袱,你又何必背负着它苦苦挣扎呢?昨天的伤口已经绽开,鲜血流过悲伤的胸膛,痛苦流泪和心碎的绝望干扰着你的情绪,当灵魂蒙上阴影的时候,你是否想过如何愈合自己的伤口,早日摆脱心头的阴霾?

给对方自由,也是给自己自由。要知道,人世间有太多令人心碎的安排,过于执著只会给彼此带来伤害。所以,不如顺其自然,学会放手,给对方自由。给他爱你的自由,也给他不爱的自由,这样,不也是一种美丽吗?既然双方都疲惫了,不妨让彼此都休息一下,别在失去感情的同时也失去了自尊。

不是每一朵花都能够如期地开放,也并非每一朵开过的花都能结出果实。对于感情来说,当你爱一个人而得不到回报的时候,在你付出千般努力也无法得到一个许诺的时候,在你因爱而受伤的时候,那就不要再继续与自己较劲了,要学会放手,给彼此自由。否则,你得到的只有无尽的痛苦和烦恼。

普希金是俄国著名的民主主义战士,也是俄国历史上极为有名的诗人，深得广大人民的喜爱。可是，一个才华横溢的生命，却在一场爱情的变故中消失，几百年来，仍然让人感到惋惜。

1828年，普希金在一个舞会上认识了18岁的娜达利娅。这位漂亮的女孩子犹如刚刚开放的玫瑰，娇艳欲滴，清香诱人。多情的普希金见到她之后魂不守舍，认为这就是能够陪伴自己终生的另一半。于是，他当场向娜达利娅求婚，但遭到了拒绝。普希金没有因为失败而退缩，开始了漫长的追求过程，终于在1830年实现了心中的梦想。才华出众的普希金和倾城倾国的娜达利娅结合，得到了朋友们的祝福，大家都觉得他们是郎才女貌的天作之合。

结婚之后，普希金陶醉在幸福之中，而向妻子表达爱意的方式就是他视之为生命的诗歌。可惜，妻子对他的才华并不感兴趣，柔情的诗句在她听来和枯燥的公文一样乏味。有一次，几个朋友来普希金家朗诵普希金写过的诗歌，娜达利娅只是礼貌地听着，客气而又冷漠地说："朗诵你们的吧，反正我也不听。"

普希金虽然满腹经纶、才高八斗，但妻子却只知贪图物质享受，爱慕虚荣，两个人在一起，很难找到共同语言。当普希金把这位貌若天仙的女子娶进门后，幸福的日子没有持续多长时间，就被娜达利娅无尽的欲望折磨的疲惫不堪。为了维持妻子体面的生活，普希金在短短几年内欠下了6万卢布的巨额债务。高额的债务把这位浪漫的诗人压得抬不起头来,频繁的应酬使他丧失了宝贵的写作时间。他在给朋友的信中写道:"对生活的操心使我没时间感到寂寞,我已经没有单身汉时的自由自在地用来写作的时间了。我的妻子非常时髦,这一切都需要钱。而钱我只能通过写作来获得。而写作需要幽静,单独一人……"然而,作为家庭主妇的娜达利娅却从不关心丈夫的感受,继续出入于各个交际场中,享受着糜烂的生活,后来更是和一名军官有了暧昧。

妻子的变心让自尊心很强的普希金无法接受,他决定采用西方特有的方式——决斗,来捍卫自己的爱情和尊严。在1837年的一天,两个人的决斗在彼得堡外的黑山进行,在决斗中,普希金的腹部中枪,两日后不治身亡。他的死,让朋友们感到十分的伤心,也让俄国文学失去了最灿烂的明星。

爱情是美好的,人类几千年的历史留下了许多让人热泪盈眶的悲欢离合。一个个美丽的传说激励鼓舞着我们在情感的道路上寻找那份属于自己的内心深处的幸福。可是,命运总是喜欢捉弄感情丰富而又十分脆弱的人们,小心翼翼地呵护着的情感,瞬间化作了过往云烟,留下一个孤独痛苦的身影在黑夜里徘徊,巨大的心灵创伤让多少痴情的人们暗自饮泣,痛不欲生。生活在世的我们,很可能会因为这飞来的横祸而迷失堕落,丧失生活的信心,失去寻求幸福的心情,过着以泪洗面的痛苦生活。这时,我们应该从爱情的心酸中跳出来,选择一种理智的思维方式。情感生活很重要，却并不是生命的全部，我们应该及时地抽身出来，告别内心的伤痛。毕竟，生活的道路还很长，生命中还有很多值得欣赏的风景。

不要沉醉于过去的情感，失去了就意味着这段情感不适合你。不回过头，你怎能看到眼前的美景？不放下过去，你怎么会获得自由？

人生犹如一部戏，我们每个人都是戏里的主角，但没有人能把自己的角色演到极致而不留一丝遗憾，没有遗憾的人生不是完整的人生。放下过去，还给彼此自由，让彼此生活得更好，这才是一段真正完美的感情。所以，当你被某些事情缠绕得心力交瘁的时候，一定要告诉自己：只有放下，才能重获快乐和自由！

第五章

笑纳生命中的不完美，
享受人生旅途的羁绊

1.生活总是不完美，要勇敢地面对

鸵鸟面对风沙的时候，会把自己的头伸进沙子里。出现问题了，把头钻进沙子里，问题就会如你期望的那样消失或者改变吗？当然不会，但现实生活中还是有很多人会做出和鸵鸟一样的选择。

有一对双胞胎兄弟，他们的父亲是一位吸毒犯，后因酒后驾车撞死人被判了无期徒刑。父亲入狱后，母亲狠心地抛弃了他们改嫁他乡。从此，兄弟俩成为了孤儿，只能靠政府的救济过日子。

二十几年后，双胞胎兄弟长大成人，在同样的环境，遇到的也是同样的问题，却有了两个完全不同的人生。哥哥成为了一位出色的经理，弟弟却跟他父亲一样吸毒，最后因为在酒吧打架斗殴进了监狱。

有人问哥哥是怎么走到今天的？哥哥感叹道："没办法，谁让我有个囚犯父亲呢？从我出生的那一刻起，我就能感觉到人人都在笑话我，我不自强一点，就永远没办法抬起头做人。所以，我必须努力让大家认可我。"

同样的问题去问弟弟，弟弟也是叹息道："有什么办法，谁让我有个囚犯父亲呢？从小人人都笑话我，我只好破罐子破摔了。既然他们都说我坏，那我不如变得更坏一点。"

一样的童年经历，为什么哥哥是人人敬重的职场精英，弟弟却成了人人唾弃的地痞流氓？因为哥哥一直在积极地面对问题，而弟弟却一直在逃避问题。越逃避，越被问题所控制，结果重蹈了父亲的覆辙。

谁都不想遇到难题，但真实的生活却总是问题不断。如果每次遇到问题都只想着逃，期待着别人帮你解决，或者干脆掩耳盗铃、自欺欺人，这是最幼稚的行为。逃避不一定躲得过，面对也不一定最难过。鼓起勇气战胜恐惧，直面问题，才能够一点一点成熟起来，最终变成生活中的强者。

挫折和困境本身并不是坏事，虽然它会给你的心灵带来一些打击和伤害，但当你学会了不再逃避、直面问题之后，它就会成为你的福音，因为它教会了你如何驾驭生活。

生活中，我们一定会遇到各式各样的挫折和困境。面对突如其来的天灾人祸，惊慌失措只会让我们坐以待毙。只要高扬起信念的旗帜，沉着冷静地对待生活所附加在我们身上的一切，困难和厄运就会迎刃而解，烦恼和痛苦也会烟消云散。

勇敢的人遇到人生的苦难不会退缩和放弃，他们只会迎风而上。他们虽不希望遇到磨难，但也不会害怕磨难。在苦难面前，他们有着高尔基在《海燕》中所说的那种"让暴风雨来得更猛烈些吧"一样的豪情和勇气。他们是真正的强者，也是生活的主人。生活的苦难不会把他们击倒而只会让他们在苦难中成长。历经磨难的人有着无比坚强的信念和意志，这样的人才能在任何时候立于不败之地，并最终取得成功。

2.学会享受人生的羁绊

很多时候，我们都喜欢假设：假设自己非常漂亮，身材又好；假设当初能再坚持一下，结果会怎样；假设自己嫁给了爱自己而不是自己爱的人，生活会怎样；假设第一次创业没有失败，等等。如果这些假设都能够成立，那这个世界一定会变得非常完美，至少是我们认为的完美。

遗憾的是，人生是一张单程车票，所有走过的、经历过的都成为了不可更改的事实和历史。如果这些事实是幸运的，带着祝福，带着快乐，我们自然愿意欢欢喜喜地接受；如果是不幸的，带着伤害，带着眼泪，我们的心就会排斥，不愿接受，进而掉进各种假设的陷阱，悔恨、懊恼、失望、自责等各种消极情绪接踵而来，直至身心俱疲。无论你愿意接受还是不愿意接受，这就是生活的真相，无法更改一丝一毫。

一天,森林之王老虎来到天神的面前说:"我很感谢你赐给我如此雄壮威武的体格、如此强大无比的力气,让我有足够的能力统治这整座森林。但尽管我的能力再强,每天鸡鸣的时候,我还是会被鸡鸣声给吓醒。神啊!祈求您,再赐给我一个力量,让我不再被鸡鸣声给吓醒吧!"

天神笑道:"你去找大象吧,它会给你一个满意的答复。"

老虎兴冲冲地跑到湖边找大象,还没见到大象,就听到了大象跺脚发出的"砰砰"响声。老虎加速跑向大象,却看到大象正气呼呼地直跺脚。老虎问大象:"你干吗发这么大的脾气?"大象拼命摇晃着大耳朵,吼道:"有只讨厌的小蚊子,总想钻进我的耳朵里,害我都快痒死了。"

老虎离开了大象,心里暗自想着:"原来体型这么巨大的大象还会怕那么瘦小的蚊子,那我还有什么好抱怨的呢?毕竟鸡鸣也不过一天一次,而蚊子却是无时无刻地骚扰着大象。这样想来,我可比他幸运多了。"老虎一边走,一边回头看着仍在跺脚的大象,心想:"天神要我来看看大象的情况,应该就是想告诉我,谁都会遇上麻烦事,而它无法帮助所有人。既然如此,那我只好靠自己了!反正以后只要鸡鸣时,我就当作鸡是在提醒我该起床了,如此一想,鸡鸣声对我还算是有益处的。"

人生是没有一帆风顺的,因为你的另一半命运是掌握在上帝的手中,它总爱这么捉弄人,抛洒下不幸和痛苦。但聪明人不恨它，反而感谢它，因为人生在得到金钱、地位、名誉、健康或美貌后，还需要逆境作陪衬，这才算是真正的人生。

有个成语叫"木已成舟"，这个词道出了人生的很多无奈——生活中的很多事情是我们不能把握和控制的。既然已成事实，我们就不要再为成舟前的那块木头做各种假设了。也许在能工巧匠的手下，它可能会变成一张典雅而高贵的梳妆台，或者经过不同程序的加工会变成一张张洁白的纸。总之，在没有变成舟之前，它的命运有很多种。可是，既已成舟，那就意味着"放弃"了其他所有可能的命运，只能以舟的形式存在着，就算不喜欢，甚至厌恶，也无法改变。

在我们的生活中，不是经常面临着"木已成舟"的事实吗？比如，我们没有生在经济发达的大城市，高考的时候遭遇了变革，大学所读的专业不是自己喜欢的，毕业后又碰上了几百几千人为抢一个饭碗挤破脑袋的局面……比这些更让人难以接受的是，我们的身体天生就不完美。面对这些，有的人学会了抱怨，抱怨自己没有生在一个更好的时代，抱怨上天对自己是多么的不公平。可是，抱怨的结果又是什么样呢？只能徒增悲伤和烦恼，或者把自己推向另一个看不到希望的人生沼泽地。

既然木已成舟，再多的抱怨也无济于事，我们就只能接受，接受遭遇的不公，接受生活的真相。就像我们打扑克的时候，无论抓到的是一手好牌还是烂牌，都要想办法发挥出最高的水平去赢下来。勇于接受生活真相的人，才能成为真正的强者。

经常观看全美职业篮球联赛（NBA）的人都知道，黄蜂队有一位身高仅1.60米的运动员，他就是博格斯——NBA最矮的球星。即便是对普通的男人来说，身高1.60米也是一种缺憾。但博格斯却接受了自己身材矮小这个无法改变的事实，毫不气馁，自信而努力地在"高手如林"的篮球场上竞技，并且跻身大名鼎鼎的NBA球星之列。

从小就喜爱篮球运动的博格斯，因天生身材矮小，在一起玩球的伙伴们都瞧不起他。有一天，博格斯很伤心地问妈妈："妈妈，难道我就这样不长个儿了吗？"妈妈鼓励他："孩子，你会长得很高很高，只要你努力，你一定会成为大球星。"从此，长高的梦像天上的云在他心里飘动着，每时每刻都在闪烁希望的火花。

博格斯一直苦练球技，虽然自己的身高不如其他队员，但他所在的队伍总是赢球，博格斯也逐渐成为了球队的明星。"业余球星"根本不是自己的篮球理想，博格斯的野心更大，他想进入NBA，但面临着更严峻的考验——1.60米的身高能打好职业赛吗？博格斯横下一条心，个儿矮也能闯天下。"别人说我矮，反而成了我的动力，我偏要证明矮个子也能做大事情。"

博格斯在威克·福莱斯特大学和华盛顿子弹队的赛场上，收走了从下方来的90%的球。博格斯简直就是个"地滚虎"，他飞速地低运球过人……后来，博格斯进入了夏洛特黄蜂队（当时名列NBA第三），在他的一份技术分析表上写着：投篮命中率50%，罚球命中率90%。

博格斯能以1.60米的身高名扬NBA不是靠侥幸或者运气，而是靠个人的努力和实力。当年博格斯与2.29米的"竹竿"肖恩·布莱德利并肩而立，高度的反差形成的鲜明对比成为了NBA的宣传海报，这就是在告诉所有热爱篮球的年轻人：来NBA，只要你有真本事，不管身高多少都能站住脚。当然，随后岁月证明这张海报的预言仅仅对了一半：博格斯成功地撰写了NBA的历史，布莱德利却没有混出什么名堂。

不要抱怨上天给予自己的不够多，也不要抱怨自己的命运是如何的坎坷，很多有成就的人，比如霍金、贝多芬、海伦·凯勒，并不是因为上天多么垂青他们，而是因为他们勇于接受事实，接受生活的真相。

有人说，不幸是催生美好的力量。没错，如果没有经历颠沛流离、人生失意的挫折，我们能阅读到曹雪芹那不朽的巨著吗？如果李白真的官场得意、平步青云，他还能吟出千古传诵的浪漫诗篇吗？

遭遇不幸，更多的人会拿假设来慰藉自己，这本无可厚非，但若是沉溺其中，这些假设就会成为你心灵的枷锁，成为你追求成功的阻碍。所有已经发生的事情都是注定无法改变的真相,你若想否认这些事实,其实就是在否定自己。所以,我们要学会接受真相,不和过去的任何事情较劲,才有精力去"改造"自己不尽如人意的命运。

3.生活是不公平的,你要去适应它

比尔·盖茨说:"生活是不公平的，你要去适应它。"的确,几乎从我们出生的那一刻起,不公平就显现出来了:有些孩子降生在宾馆一样的病房里,有些孩子则降生在自家黑糊糊的炕头上;到了上学的年龄,一些孩子穿着新衣、背着新书包踏进了美丽的校园,而一些孩子却只能眼睁睁看着别人背着书包暗自伤神;该工作了,一些孩子凭学历、靠关系进了著名的企业,一些孩子没有学历、没有关系,只能以体力劳动来维持生活……

当然,大多数人没有前者那么优越,也没有后者那么凄惨,而是处在一个中间的水平,但仍然能处处感觉到不公。自己的父母为什么是偏远地区的农民而不是城市里的知识分子? 自己大学毕业的时候为什么偏偏赶上国家不再分配工作? 为什么到了自己该成家立业的时候房价较几年前翻了数倍? 为什么自己拼命工作,而老板却把晋升的职位给了一个亲戚……

生活中不公平的事情实在是太多了，很多人为此唉声叹气、指责抱怨，这或许能解一时之气，却不能改变实质。面对不公平，比尔·盖茨说的方法是"你要去适应它"，你是否曾考虑过如何适应这样的不公？

他出生在爱尔兰的一个贫困家庭。两岁的时候，他的父亲忍受不了贫穷，抛弃了他和母亲。不久，他的母亲也离开了他，他先后由外公外婆和亲戚照顾。

由于经济方面的原因，他16岁时辍学回家，靠卖画赚钱。生活的磨砺使他比同龄人成熟很多，有一种少年老成的气度。19岁时，他进入了伦敦一家著名的戏剧中心学习表演，虽然也参加了一些电视剧的拍摄，但始终都是担任一些不引人注目的小角色，迟迟没有成名的机会。

在妻子的劝说下，他来到了美国加利福尼亚州寻找机会。他的运气很好，被一名导演相中，让他演《斯蒂尔传奇》中的主角斯蒂尔。他成熟的演技和潇洒的风度令大批观众为之倾倒，一时之间，他成了加利福尼亚州家喻户晓的人物。

那年他31岁，他就是现在的国际巨星皮尔斯·布鲁斯南。

没有好的家境和出身，并不意味着一辈子都要被禁锢在这个小圈子里。自暴自弃、怨天尤人，那都是幼稚可笑的行为，因为残酷的现实不会因为我们的悲观和抱怨而主动改变，唯有直面生活，接纳生活赋予我们的不完美，努力地适应，才能够让我们的未来更美好。

1899年7月21日，欧内斯特·海明威出生在世界五大湖之一的密执安湖南岸，一个叫橡树园的小镇。

家里一共有6个孩子，海明威排行老二。海明威的母亲很有修养，热爱音乐，父亲是一位杰出的医生，又是个钓鱼和打猎的能手。海明威3岁时，父亲给他的生日礼物是一根鱼竿；10岁时，父亲送给他一支一人高的猎枪。受父亲的影响，海明威对捕鱼和狩猎充满了热爱之情。

14岁时，海明威在父亲的支持下报名学习拳击。第一次训练，他的对手是个职业拳击家，海明威被打得满脸鲜血，躺倒在地。

可是第二天，海明威裹着纱布又来了，并且纵身跳上了拳击场。20个月之后，海明威在一次训练中被击中头部，伤了左眼，这只眼睛的视力再也没有恢复。

中学毕业以后，海明威不愿意上大学，渴望赴欧参战，但因为视力的缘故未被批准。后来，他离家来到堪萨斯城，在《堪萨斯报》做了见习记者。

在这里，他学到了最初的写作技巧。《明星报》对于文字有110条不得违反的规定，如"要用短句""用活的语言""用动词，删去形容词""能用一个字表达的不用两个字"，等等。海明威专心致志，很快掌握了写作的技巧，并形成了自己的文字风格。

1918年5月，海明威如愿以偿地加入了美国红十字战地服务队，来到了第一次世界大战的意大利战场。

7月初的一天夜里，海明威的头部、胸部、上肢、下肢都被炸伤，人们把他送进了野战医院。海明威的一个膝盖被打碎了，身上中的炮弹片多达230余块。他一共做了13次手术，换上了一块白金做的膝盖骨，但仍有些弹片没有取出来，到死都留在他的体内。

海明威在医院里躺了3个多月，接受了意大利政府颁发的十字军功勋章和勇敢勋章，这时他刚满19岁。

大战后，海明威回到了美国。战争除了给他留下了精神和身体上的伤痛，没有留下任何其他东西。旧的希望破灭了，新的又没有建立，前途渺茫，海明威的思想陷入了空虚。

尽管如此，海明威依旧勤奋写作。1919年夏秋，他写了12个短篇，寄给报社，希望能够发表，但被全部退了回来。母亲警告他：要么找一个固定的工作，要么搬出去。于是，海明威从家里搬了出去，因为什么也改变不了他献身于文学事业的决心，他只想做第一流的、最出色的作家。

1920年的整个冬天，海明威独自坐在打字机前，从早写到晚。有一次参加朋友们的聚会，海明威结识了一位叫哈德莉的红发女郎。她比海明威大8岁，成了海明威的第一个妻子，这时海明威22岁。

1922年冬天，他赴洛桑参加和平会议时，哈德莉在火车站把他的手提箱弄丢了，那里面装着他的全部手稿，一个长篇、18个短篇和30首诗。这使海明威痛苦万分又毫无办法，他只能重新开始。

1923年，海明威的第一部著作《三个短篇和十首诗》在法国的一个非正式出版社出版。总共只印了300册，在社会上毫无影响。

作为记者，海明威很受欢迎，但他呕心沥血写成的小说却没有报刊肯用。尤其令他伤心的是，退稿信上总是称他的作品为"速写录"、"短文"，甚至说是"轶事"，根本就不把他的稿件看成是文学创作。1924年，海明威辞去了记者工作，专门从事文学创作。他没有固定的收入，又要养活刚出生的儿子，生活的艰难可想而知。

1925年是海明威最为穷困潦倒的一年，妻子带着儿子离开了他，他除了通宵达旦地写作，只能把看斗牛当作娱乐消遣。

第二年，海明威与第二任妻子波林结婚后不久，他的第一部长篇小说《太阳照样升起》问世。这部小说一经发表，立即博得了一片喝彩声，被翻译成多种文字，成了20年代那一代人的典范之作。

这部小说用美国女作家斯泰因的一句话"你们都是迷惘的一代"作为题词，从而产生了一个文学流派——"迷惘的一代"，而海明威就成了这个流派的代表。

普希金有一首我们都非常熟悉的短诗《假如生活欺骗了你》："假如生活欺骗了你，不要忧郁，不要愤慨，不顺心时暂且忍耐。相信吧，快乐的日子将会到来。"

生活是不公平的，如果我们因此怨天尤人，不敢面对现实，没有足够的勇气去接受现实的挑战，整天活在忧郁之中，那终有一天会被生活击垮。与其如此，不如去思考如何更好地去适应生活的不公。唯有适应当下的环境，你才能有机会去改变自己的处境。

不要奢望自己成为上天的宠儿。假如生活欺骗了你，给了你诸多不公平的待遇，请你接受比尔·盖茨的忠告：去适应它。

4.笑纳生命中的不完美

完整的生命历程拥有它本来的面目，每一个人都在生命中拥有的或者说得到的，都是其中的一个部分。不管是我们认为珍贵的还是视为灾难的，无论是天生就被赋予的还是后天遭遇的，都是构成我们完整生命的一部分，我们应该勇敢地面对它，享受完整的生命历程。

缺憾并不受人欢迎，我们都在追求所谓的完美，想要完美的亲情,想要完美的爱情,更想要一个完美的人生。只不过,日有东升西落,月有阴晴圆缺,就连星星也有陨落的时候,也就是说,真正意义上的完美并不存在。但也正因为有了缺憾,我们才能看到人生的另一种风景。

如果一个人在46岁的时候,因意外事故被烧得不成人形,4年后又在一次坠机事故后腰部以下完全瘫痪,他会怎么办?

你能想象这样的人后来竟然变成了百万富翁、受人爱戴的公共演说家、春风得意的新郎官及成功的企业家吗?你能想象他去泛舟、玩跳伞,还在政坛占得一席之地吗?

米契尔做到了这些。在经历了两次可怕的意外事故后,他的脸因植皮变成了一块"彩色板",手指没有了,双腿变得那样细小,无法行动,只能瘫坐在轮椅上。意外事故把他身上65%以上的皮肤都烧坏了,为此,他动了16次手术。手术后,他无法拿起叉子,无法拨电话,也无法一个人上厕所。但以前曾是海军陆战队员的米契尔并不认为他被打败了,他说:"我完全可以掌握自己的人生之船,我可以选择把目前的状况看成倒退或是一个新起点。"6个月后,他又能开飞机了!

米契尔为自己在科罗拉多州买了一幢维多利亚式的房子,另外也买了一架飞机及一家酒吧。后来,他和两个朋友合资开了一家公司,专门生产以木材为燃料的炉子,这家公司后来变成了佛蒙特州第二大私人公司。意外发生后4年,米契尔所开的飞机在起飞时又摔回了跑道，把他的12块脊椎骨摔得粉碎，腰部以下永久性瘫痪。"我不解的是，为何这些事老是发生在我身上？我到底是造了什么孽，要遭到这样的报应？"

面对这些灭顶之灾，米契尔仍不屈不挠，日夜努力使自己能达到最大限度的独立自主。他被选为科罗拉多州孤峰顶镇的镇长，负责保护小镇的环境，使之不因矿产的开采而遭受破坏。米契尔后来也竞选国会议员，他用一句"不只是另一张小白脸"的口号，将自己难看的脸转化成了一项有利的资产。

尽管面貌骇人、行动不便，但米契尔依然找到了能陪伴自己一生的伴侣。之后，他还拿到了公共行政硕士学位，并持续他的飞行活动、环保运动及公共演说。

米契尔说："我瘫痪之前可以做1万件事，现在我只能做9000件。我可以把注意力放在我无法再做好的1000件事上，或是把目光放在我还能做的9000件事上。告诉大家，我的人生曾遭受过两次重大的挫折，如果我能选择不把挫折当成放弃努力的借口，那么，或许你们可以用一个新的角度来看待一些一直使你们裹足不前的经历。你可以退一步，想开一点，然后你就有机会说：或许那也没什么大不了的！"

世界文化史上三大名人，音乐家贝多芬失聪，小提琴演奏家帕格尼尼失音，文学家弥尔顿失明，但他们都不屈服于命运的摆布,以坚强的毅力征服了自身的不完美,也赢得了整个世界的喝彩。

希望自己的形象更完美一些,希望做的事情更完美一些,将完美作为努力方向,这当然是一件好事。但凡事都有一个度,知道人生不可能完美,就不要强求。换个角度,你得到的可能会是一个不一样的人生。

古希腊大哲学家苏格拉底在还是单身汉的时候,和几个朋友住在一间只有七八平方米的小屋里。虽然很挤,可他总是乐呵呵的。

有人问他:"那么多人挤在一起,连转个身都困难,有什么可高兴的?"

苏格拉底说:"朋友们在一块儿,随时可以交换思想、交流感情,这难道不是件值得高兴的事吗?"

过了一段时间,朋友们一个个成家,先后搬了出去,屋子里只剩下苏格拉底一个人,但他每天仍然很快活。

那人又问:"你一个人孤孤单单的,有什么好高兴的?"

苏格拉底说:"我有很多书啊!一本书就是一个老师,和这么多老师在一起,时时刻刻都可以向他们请教,怎能不高兴呢?"

几年后,苏格拉底也成了家,搬进了一座大楼里。这座大楼有七层,他的家在最底层。底层的条件在这座楼里是最差的,不安静、不安全也不卫生。上面总是往下面泼污水,扔死老鼠、破鞋子、臭袜子和杂七杂八的脏东西。可即便如此，苏格拉底还是一副喜气洋洋的样子。别人好奇地问："你住这样的房间，也感到高兴吗？"

"是呀！"苏格拉底说，"你不知道住一楼有多少妙处！比如，进门就是家，不用爬很高的楼梯；搬东西方便，不必花很大的劲儿；朋友来访容易，用不着一层楼一层楼地去叩门询问；特别让我满意的是，可以在空地上养花种菜。这些乐趣，真是数之不尽啊！"

过了一年，苏格拉底把一层的房间让给了一位朋友，这位朋友家有一个偏瘫的老人，上下楼很不方便，他搬到了楼房的最高层——第七层，可他每天仍是快快活活的。

别人揶揄地问："先生，住七层楼也有很多好处吗？"

苏格拉底说："是呀，好处多着呢！仅举几例吧：每天上下几次，是很好的锻炼机会，有利于身体健康；光线好，看书写文章不伤眼睛；没有人在头顶干扰，白天黑夜都非常安静。"

我们的存在在于不完美，而对理想的追求则在于完美。人人都渴望通过努力把不完美变得完美些。不完美才是真正的人生，生命的价值也体现在不完美中。一个不完美的世界，为我们提供了历练自己的机会，让我们在奋斗的过程中凸显出生命的价值和人生的意义。

5.困难没有想象的那般强大

生活中经常会发生这种情况:做事时遇到了困难,它就像山一样摆在前面,让我们心中产生了一种恐惧感,认为自己没有办法克服它,于是很快就选择了屈服和退却,结果自然是不战而败。

心智不成熟的人往往会放大自己的困境,并不断给自己的恐惧心理找理由,比如"我从来没有遇到过这么糟糕的事情""我的能力是有限的"等,进而让自己相信,这种恐惧是合理的。

事实果真如此吗? 困难真的无法跨越吗? 未必。

保罗·迪克刚从祖父手里继承了美丽的"森林庄园",一场因雷电而引发的山火就将其烧成了一片灰烬。年轻的保罗不甘心百年基业就这么被一场突如其来的山火毁于一旦,他决定倾己所能修复庄园。他跑去向银行贷款,但遭到了无情的拒绝;他四处求亲告友,结果仍旧是一无所获。

所有能想到的办法他都试过了,但没有一个行得通。他伤心失望,欲哭无泪,他的心在无尽的黑暗中挣扎。他知道,自己再也看不到那片郁郁葱葱的树林,再也听不到树枝上悦耳的鸟叫声。他把自己深锁在房间里,茶饭不思,眼睛都熬出了血丝。

一个多月过去了，年已古稀的祖母来到他的门前，意味深长地对他说："小伙子，庄园被大火烧成了废墟并不可怕，可怕的是你的眼睛失去了光泽，一天天地老去。一双老去的眼睛，怎么能看到机会呢？"

在祖母的劝说下，保罗走出了自己的房间，来到了街头。

一天，他看见一家店铺的门前围着好多人，走过去才知道，原来是一些家庭妇女正在排队购买木炭。那一块块躺在纸箱里的木炭忽然让他眼前一亮。

回去之后，保罗马上雇了几名烧炭工，将庄园里烧焦的树加工成优质的木炭，然后分装成箱，送到集市上的木炭经销店。很快，木炭被一抢而空，他也因此得到了一笔不菲的收入。

他用这笔收入购买了一大批树苗，一个新的庄园又初具规模了。几年之后，"森林庄园"再度在人们的视线里绿意盎然。

世上没有解决不了的问题，困难并没有我们想象的那么强大，它就像一个弹簧，你弱它就强，你强它就弱。当你用一颗坚强的心去面对困境的时候，阴霾根本就无法困住你；相反，如果你无法控制内心的恐惧，无法驱除它们，你的思想就会被恐惧所吞噬。所以，遇到困难要想办法，而不是找借口逃避，麻痹自己。

人生在世，一定会遇到困难，这一次我们逃避了，那下一次呢？学不会面对，你将始终只是一个"自己吓自己"的懦夫。

有一位穷困潦倒的年轻人，身上全部的钱加起来也不够买一件像样的西服，但他仍全心全意地坚持着自己心中的梦想，他想做演员，想当电影明星。好莱坞当时共有500家电影公司，他根据自己仔细划定的路线与排列好的名单顺序，带着为自己量身订做的剧本前去一一拜访。但第一遍拜访下来，500家电影公司没有一家愿意聘用他。

面对无情的拒绝，他没有灰心，而是又从第一家开始第二轮拜访与自我推荐。第二轮拜访也以失败而告终，第三轮的拜访结果与第二轮相同。但这位年轻人没有放弃，不久后，他又咬牙开始了第四轮拜访。当拜访第350家电影公司时，这家公司的老板竟破天荒地答应让他留下剧本先看一看，这让他欣喜若狂。几天后，他收到通知，请他前去详细商谈。就在这次商谈中，这家公司决定投资开拍这部电影，并请他担任自己所写剧本中的男主角。不久，这部电影问世了，名叫《洛奇》，男主角就是好莱坞动作明星史泰龙。

前进的途中不可能一帆风顺，总会遇到各种各样的困难、挫折，有来自自身的，也有来自外界的，关键要看我们是否能以积极的心态去面对。正如一代文豪郭沫若说："一个人总是有些拂逆的遭遇才好，不然是会不知不觉地消沉下去的，人只怕自己倒，别人骂不倒。"史泰龙在困难面前不畏惧、不悲伤、不哀怨，最终改变了自己的人生。

人生就是一个不断面对问题、解决问题的过程。困难可以开启我们的智慧，激发我们的勇气，为解决困难而努力，思想和心灵也会在这过程中不断成长。只要记住：很多问题并不像我们想象的那么恐怖，试着去撕破畏惧的面纱，你就可以很好地掌控它。

6.用"不完美"的利器来打磨自己

面对生活中的不完美和缺憾，我们与其一味挑剔，让自己沮丧，还不如笑着去包容，坚强地去面对，然后战胜它。不完美和缺陷，不是对生命的折磨，而是对我们自己的一场考验。只要你愿意接受它们的打磨，新的人生随时都可以开始。

乔治是个不幸的少年，他天生失明，什么都看不见。但乔治有一个很幸福的家庭，父母对他很疼爱，他的生活也非常丰富多彩。

然而，在乔治6岁时，发生了他所不能理解的一件事。一天下午，他正在同另一个孩子玩耍。那个孩子忘了乔治是盲人，便抛了一个球给他。"当心！球要击中你了！"这个球确实击中了乔治。乔治虽没有受伤，但觉得极为迷惑不解。后来，他问母亲："比尔怎么能在我之前就知道我将要发生的事呢？"母亲叹了一口气，她所害怕的事终于发生了，现在，她有必要第一次告诉她的儿子："你是盲人。"

"乔治，坐下。"她母亲温柔地说道，同时，伸过手去抓住他的一只手，"我不可能向你解释清楚，你也不可能理解清楚，但是，让我努力用这种方式来解释这件事。"她温柔地把他的一只小手握在手中，开始计算手指头。

"1-2-3-4-5。因为，这些手指头代表着人的五种感觉。"她一边说，一边用她的大拇指和食指顺次捏着孩子的每个手指，"这个手指表示听觉，这个手指表示触觉，这个手指表示嗅觉，这个手指表示味觉。"然后，她犹豫了一下，又继续说："这个手指表示视觉。这五种感觉中的每一种都能把相应的信息传送到你的大脑中。"她把那表示视觉的手指弯起来按住，使它处在乔治的手心里："乔治，你和别的孩子不同，因为你仅仅用了四种感觉，而没有用你的视觉。现在，我要给你一样东西，你站起来。"

乔治站了起来，母亲拾起他的球，说道："现在，伸出你的手，抓住这个球。"乔治伸出了他的一双手，手接触到了球，他把手指合拢，抓住了球。

"好，好。"他母亲说，"我要你绝不忘记你刚才所做的事。乔治，你能用四个而不用五个手指抓住球。如果你由那里入

门，并不断努力，你也能用四种感觉代替五种感觉，抓住丰富
而幸福的生活。"

乔治的母亲用了一个生动的比喻，她用简单的数字来说
明问题，确实使两个人的思想得到了最快、最有效的交流。乔
治永远不会忘记"用四个手指代替五个手指"的信条。每当他
由于生理上的缺陷而感到沮丧的时候，他就会用这个信条激
励自己。他觉得母亲是对的，如果他能应用他所有的四种感
觉，他确实能抓住完美的生活。

只有经过磨砺的人生，才能沉淀出坚强的生命；只有经
历了人生的风雨，才能体会生命的难得和可贵。我们的一生
就是与不完美、缺陷同行的一生，没有苦难的人生是不完整
的人生。所以，我们应该学会战胜缺陷，在缺陷中磨炼自己，
在不完美中使我们的人生变得完整。

对于不完美和种种缺憾，我们既可以利用它来作为懒惰
和胆怯的挡箭牌，也可以用它来激励自己去和困难做斗争，
把它作为打磨自己的利器。到底是哪种，全看你选择何种方
式面对。

足球明星梅西的大名可谓家喻户晓。20岁的梅西身高
169公分，体重68公斤，被人们认为是又一个马拉多纳的化
身。马拉多纳对这位小老乡的评价是："梅西是一位天才球
员，前途不可限量。"

梅西12岁时来到巴塞罗那,在青年队中锤炼5年后进入一线队,他在2004年的南美青年锦标赛上打进7球而成为最佳射手。现在,梅西已经晋封"梅球王",成为了巴塞罗那俱乐部和阿根廷国家队的绝对核心。但是,现在成就如此辉煌的梅西,曾经也有过一段痛苦的往事。作为一个天才球员,他差点因为身体原因而被埋没。

1987年6月24日,在阿根廷圣塔菲尔省的罗萨里奥中央市,继两个哥哥之后,梅西降生了。这个穷人家的孩子从出生起就身体羸弱,妈妈无暇照顾弱小的梅西,把他寄养在辛迪亚家,两人从幼儿园到小学一直在一起。辛迪亚见证了梅西童年所有的艰辛和欢乐,而梅西也把辛迪亚当成这个世界上唯一可以倾诉的人。

作为梅西最痴心的球迷,辛迪亚珍藏着梅西代表各个俱乐部效力时穿过的各种款式的球衣。辛迪亚总是坐在高高的看台上,看着她的英雄演出,她比任何人都更早而且更坚定地相信梅西的足球天赋。那是一段多么幸福的时光。可惜美好的光阴总是容易逝去,11岁的梅西被查出患有荷尔蒙生长素分泌不足,这将影响他骨骼的健康发育,使他在1.4米的高度停滞不前。纽维尔斯老男孩俱乐部不想为一个前途未卜的孩子每月花费900美元的治疗费用,梅西只能和父亲远赴他乡,去西班牙求助。那是在最后一场比赛后绝望的辞行,13岁的梅西抱着辛迪亚嚎啕大哭,而辛迪亚抱着他说:"不哭不哭,坚强点小不点儿,一切都会好起来的。"

情况真的好了起来，他通过治疗长到了近1.7米，并在巴塞罗那过得如鱼得水。无论是里杰卡尔德的肯定，还是其他教练的赞誉，甚至马拉多纳也亲自给他打来了鼓励的电话，这都是在向全世界发布一个信息：梅西已经与从前大不相同。小罗说："只有梅西才能骑在我的背上，我们是好兄弟。"

现在的梅西，因为足球集万千宠爱于一身，媒体、教练、队友、球迷把他当明星、孩子、兄弟、偶像般看待。但在他内心里，他永远都忘不了辛迪亚在他耳边说的那句话："坚强点儿小不点儿，一切会好起来的。"

真实的世界有阴暗也有光明，现实的生活有高峰也有低谷。不完美的世界，不完美的人生，恰恰是一个富有的世界，一个值得挑战的世界。而人生的可贵与不平凡，正是源于那些不完美和缺憾的存在。

完美的人生固然令人羡慕，而有缺陷的人生如果能够和命运抗争，它也将变得丰盈而富有激情。永远不要抱怨命运的不公，造物主有一千个理由给你遗憾，生活就有一万个理由让你的美丽以另一种姿势盛开不败，而这一切都把握在你的手中，或许这就是残缺的美丽。

所以，即使面对不完满的人生，我们依然可以满怀信念，正视坎坷，超越自我，做自己命运的主人，依然可以修炼自己智慧的头脑、仁厚的胸襟、勇敢的品格，成就一段完满而执著的辉煌人生。

7.人生因为顽强而"完美"

人生的美丽之处就在于,面对苦难和逆境,我们能够顽强地拼搏到底,并获得最后的胜利。虽然屡遭痛苦,却能够百折不挠地坚持住,这就是成功的秘密。所以,你一定要学会坚强。有了坚强,你就有了面对一切痛苦和挫折的力量。

从前,村里有一位妇女患了乳腺癌,不得不去医院做了左乳摘除手术。伤口痊愈后,她下地走路时奇怪地发现自己的身体竟不自觉地向右边倾斜。她稍一愣怔后便明白了:少了一只左乳,身体失去了原有的平衡。而让她更为苦恼的是,自己的左胸瘪瘪的,右边鼓鼓的,极不对称,以致穿起衣服来很是别扭和难看。

可她又没钱买义乳,怎么办呢? 她决定自己做一个。她"就地取材"地从家里搬出芝麻、蚕豆、玉米、小麦、绿豆等,依次分别往乳罩左边的罩口里装,然后再缝合罩口,戴在身上测试一下身体的美观及平衡效果。最后,她选定了绿豆作为乳罩的填充物。

初戴上"绿豆乳罩"的她显得异常的兴奋与激动,对于自己的身体,她仿佛又找回了曾经的那份自信与美丽。后来,她无论是下地干活,还是串门赶集,时时刻刻地戴着那副"绿豆乳罩"。

可一天晚上，她摘下乳罩准备睡觉时，却惊讶地发现乳罩里的那些绿豆发芽了！

那一夜，她基本没合眼，一直在想着怎样解决绿豆在自己的体温下会发芽的问题。第二天，她把那些绿豆炒熟了，然后再放进乳罩里。

可没过几天她就发现，问题又来了，她的身上始终有一种熟绿豆的香味挥之不去。只要她一出现在人群里，人家总会耸着鼻子作闻香状，然后好奇地问："谁兜里揣着熟绿豆？好香啊！快点拿出来让大家尝尝……"弄得她很是尴尬，又不好讲出实情。

后来，经过很多次试验，她在缝制"绿豆乳罩"的时候终于找到了一个折中的良方，就是在炒绿豆的时候掌握好火候——仅把绿豆炒到七八成熟的样子，这样的绿豆放进乳罩里既不会发芽，也闻不到香味，刚刚好。就这样费尽思量，她终于解决了绿豆作为乳房替代物与自己身体兼容的难题。

后来有一天，一家女性刊物的记者知道了这件事后，大老远地赶来采访这位村妇。采访临近尾声时，记者提出要给她拍几张照片。她一下子激动得满脸通红，因为在那个偏僻的村庄里，她很少有照相的机会，她习惯性地抻抻衣角、捋捋头发，然后站在一株从石缝里长出的芍药花旁，郑重而优雅地摆出了一个个美丽的姿势。望着镜头里那朵火

红的花儿衬托着那张自信而美丽的笑脸，泪水模糊了记者的视线……

后来，这位记者在她的文章中写道："我是怀着一种敬仰和感动的心情对她进行采访的，在为她的遭遇感到心酸的同时，又被她乐观而不屈的精神所鼓舞并深感欣慰。这样一个在贫困交加的境地里挣扎的女人，依然向往美丽，顽强地追求着美丽，她今后的生活一定会好起来，就像她拥花而卧的那张美丽的照片。因为她的精神不败，我坚信，仅凭这一点，就足以让她战胜人生中所有的厄运和苦难！"

人生就是一场与重重困难斗争的漫长战役。早一点懂得痛苦和困难是人生平常的"待遇"，当挫折到来时，应该面对而不是逃避，这样，你才能早一点坚强起来、成熟起来。记住，只有顽强的人生才美丽、才精彩。

古今中外，多少名人给我们做出了可歌可泣的先例：前苏联作家奥斯特洛夫斯基在双眼失明的情况下，通过向人口授内容，完成了长篇小说《钢铁是怎样炼成的》；美国女作家海伦·凯勒自幼双目失明，在莎利文老师的教导下学会了盲文，长大后成为了一名社会活动家，积极到世界各地演讲，宣传助残，并完成了长篇小说《假如给我三天光明》；当代著名女作家张海迪五岁时因为意外事故造成高位截瘫，但仍坚持自学小学到大学课程，同时还学习了多国语言……虽然各人都有不同的苦难，但顽强地与苦难斗争并坚持到底是他们的共同之处，也是他们最令人感动的地方。

霍金是当代最杰出的理论物理学家，一个科学名义下的巨人。在这绚烂的光环之下，他是一个坐着轮椅、挑战命运的勇士。

史蒂芬·霍金，出生于1942年1月8日，那一天刚好是伽利略逝世300年纪念日。

从童年时代起，运动从来就不是霍金的长项，几乎所有的球类活动他都不行。进入牛津大学后，霍金注意到自己的身体变得更笨拙了，有时会没有任何原因地跌倒。一次，他不知何故从楼梯上突然跌下来，当即昏迷，差一点儿死去。

直到1962年，霍金在剑桥读研究生后，他的母亲才注意到儿子的异常状况。刚过完21岁生日的霍金在医院里住了两个星期，经过各种各样的检查，他被确诊患上了"卢伽雷氏症"，即运动神经细胞萎缩症。医生对他说，他的身体会越来越不听使唤，只有心脏、肺和大脑还能运转，到最后，心和肺也会失效。霍金被"宣判"只剩两年的生命，那是在1963年。

之后，霍金的病情渐渐加重。1970年，在学术上声誉日隆的霍金已无法自己走动，他开始使用轮椅，并一直持续到了今天，他再也没离开过它。但是，永远坐进轮椅的霍金依然极其顽强地工作和生活着。1991年3月的一天，霍金坐轮椅

回柏林公寓，过马路时被小汽车撞倒，左臂骨折，头被划破，缝了13针，但48小时后，他又回到了办公室投入工作。

虽然身体的残疾日益严重，霍金却力图像普通人一样生活，完成自己所能做的任何事情。他甚至是活泼好动的——这听起来有点好笑，在他已经完全无法移动之后，他仍然坚持用唯一可以活动的手指驱动着轮椅在前往办公室的路上"横冲直撞"；在莫斯科的饭店中，他建议大家来跳舞，他在大厅里转动轮椅的身影真是一大奇景；在与查尔斯王子会晤时，他旋转自己的轮椅来炫耀，结果轧到了查尔斯王子的脚趾头。当然，霍金也尝到过"自由"行动的恶果，这位量子引力的大师级人物，多次在微弱的地球引力的左右下跌下轮椅，幸运的是，每一次他都顽强地重新"站"了起来。

1985年，霍金动了一次穿气管手术，从此完全失去了说话的能力，只能用三个指头和外界交流，到目前更是只剩下眼皮了。他就是在这样的情况下极其艰难地写出了著名的《时间简史》，探索着宇宙的起源。

霍金的科普著作《时间简史——从大爆炸到黑洞》在全世界的销量已经高达2500万册，从1988年出版以来一直雄踞畅销书榜，创下了畅销书的一个世界纪录。

霍金的故事告诉了我们，是否具有不屈不挠的精神，或许是取得成就的最大因素。20多岁就瘫痪，这对于一个有梦想的年轻人来说无疑是一个致命的打击。假如霍金放弃了自己，那他就只会成为一个普普通通的残疾人。但霍金没有放弃，他凭着坚毅不屈的意志战胜了疾病，创造了一个奇迹，也证明了残疾并非成功的障碍。

所以，遇到问题时，不要任其自然地发展，也不要得过且过地敷衍了事，而要积极地找出有效的方法迅速地解决问题。如果我们生活中的小问题因为我们的不够坚强而变成了大问题，那么，当我们碰到更加重要的问题时，岂不是会更加束手无策、一蹶不振？

8.用积极乐观的心态面对生活

生活中难免会遇到令人难以接受的突然变故，这些事会给人们的心灵带来痛苦和打击，令人产生消极的情绪甚至轻生的念头。

那些选择轻生的人不明白，死亡是早晚要经历的事，而活下来却有无限种可能。不管过去发生了什么，过去的已经过去了，任我们再怎么悲痛欲绝，用多么极端的方式去面对，它也不会改变。更何况，人的一生极其短暂，不过是几个日升日落、几许花开花谢而已。此刻看来过不去的坎儿，放到１０年之后再回顾时，或许你也会嘲笑自己为什么如此不堪一击，把问题想得那么糟糕。不论遇到什么困难，都应该保持一种积极乐观的心态，切不可自暴自弃。活着就要用最好的方式，如此才算不辜负人生。

詹姆斯是个经常走霉运的人，可他生性乐观，对任何事情都抱以正面的看法，每天都过得很开心。当有人问他最近生活得如何时，他总会说："我快乐无比。"

对此，有朋友问他："谁都会有悲伤的时候，也不可能总是能看到事物的正面，你是怎么做到的呢？"

詹姆斯说："每天早晨，我一睁眼就会告诉自己，快乐不快乐都是一天，我今天一定要快乐！这就好比发生不好的事情时，你可以选择当一个悲哀的受伤者，也可以选择做一个从不幸中学到一些东西的乐观人。人生就是选择，当你选择以最好的方式来生活的时候，你就能生活得快乐。"

一天早上，詹姆斯出事了。他看到三个持枪的强盗从邻居家里慌慌张张地跑出来，而后强盗们也发现了他，其中一个人对詹姆斯开了一枪。经过18小时的抢救以及亲人精心的照料，詹姆斯总算是活了下来，可仍有小部分子弹片留在了他的体内。

朋友们问他感觉怎么样，他说："我感到快乐无比。"

朋友看了看他的伤疤，然后问他中枪时在想什么。詹姆斯答道："当时我躺在地上，我知道自己面临着两个选择：一个是死，一个是活。我理所当然地选择了活。"

朋友问："你当时不害怕吗？"

"医护人员太好了，他们不断地告诉我，我会好起来的。但在他们把我推进急诊室后，我看到他们流露出了'他是个死人'的眼神。我知道，我需要采取一些行动了。"

"那你采取了什么行动？"

"有个美丽的女护士问我对什么东西过敏时，我马上回答说'有'。这时，所有的医生和护士都停下来等我继续说下去。我深深地吸了一口气，然后大声对他们说：'子弹！'在医护人员的一片大笑声中，我又接着说道：'我现在活下来了，不要把我当成死人来医。'"

詹姆斯最后能侥幸活下来，与其说是医生们的医术高明，还不如说是詹姆斯积极求生的态度感染了医护人员。

反观生活中的一些年轻人，自认为心智成熟，有能力处理好一切事务。可当生活遭遇突变之后，就好像一个"受伤的小孩"，脆弱无助，彷徨不安。其实，真正成熟的人，在遇到苦难的时候，一定不会让不幸的遭遇影响到自己，他们会以积极的态度生活、开阔的心胸面对苦难，深刻体会生命每一刻的存在，珍惜生活中的每一秒。

21岁的麦克进入军中服役。他在一次战斗中受了严重的眼伤，眼睛因此失明。虽然他受到了如此大的伤痛，但他的个性仍然十分开朗。他常常与其他病人开玩笑，并把自己配

给到的香烟和糖分赠给好朋友。

医师们为了恢复麦克的视力想了很多办法，可都没有什么明显的效果，医生决定把实情告诉麦克。

一天，主治大夫亲自走进麦克的房间对他说道："麦克，你知道我一向喜欢跟病人实话实说，从不欺骗他们。我现在要告诉你的是，你的视力不能恢复了，我很抱歉。"

时间似乎停了下来，房间里安静得可怕。

"大夫，我，我不知道……"麦克终于打破沉寂，努力平静地回答医生的话，"非常感谢你为我费了那么多心力，其实，我一直都知道会有这个结果。"

之后，谁也没有说话，大家都不知道该怎么安慰这个还这么年轻的小伙子，只是在一边默默地看着他。

几分钟后，麦克终于恢复了平静，他对他的朋友说："我觉得我没有任何理由绝望。不错，我的眼睛是看不见了，但我还可以听，还可以说。我的身体很强壮，不但可以行走，双手也十分灵敏。何况，据我所知，政府可以协助我学得一技之长，那足以让我维持生计。我现在所需要的就是适应没有视力的新的生活方式。"

这个内心无比明亮的年轻盲眼士兵，没有去抱怨自己的不幸，诅咒上帝的不公，而是忙着计算自己所拥有的幸福，并想着怎样去走好明天的路。这才是强者面对问题的态度。

不要总说生活欺骗了你，你的生活是快乐还是悲伤，由你自己决定。心情是可以选择的，当我们心情愉悦的时候，自然就会感到快乐。只要我们一直怀着美好的心情去做事，就没有不顺利、不成功的可能。

所以，从现在起，珍惜自己所拥有的一切，用积极乐观的态度生活，幸福就会悄然来到我们身边。

第六章

生活给了你柠檬，
就做一杯柠檬水

1.完美不能苛求，但可以无限接近

很多人说，我们一生都在追求完美。其实，我们一生都在完善不完美。完美的人在悼词里，完美的爱情在小说里，完美的人生在理想国度里，而现实中的完美在完善不完美的体验里。

"士别三日，当刮目相待。"这是三国时期流传下来的一个十分著名的典故，它为我们描述了一个很不错的故事。

吕蒙，字子明，是三国时期吴国著名的将领，曾经跟随孙权转战江南各地，任横野中郎将。后随周瑜参加赤壁大战，之后又定计攻取蜀国的荆州，擒得关羽。但就是这样一位智勇双全的虎将，竟然是个没怎么读过书的人。吕蒙小的时候家里贫穷，一直没机会读书，长大以后跟着孙权带兵打仗，就更没有时间读书了。

吴主孙权虽然也喜欢带兵打仗，却是一个文学水平很高的人。他是文武全才，在他的治理下，吴国的国力得到了很大的发展。他觉得像吕蒙这样的聪明人就应该多看一些书。有一次，孙权、吕蒙和蒋钦（东吴将军）聊天时说："你们现在不带兵打仗，而是掌管政事，所以只会指挥应战是不行的，应该勤学多问才能增长知识。"吕蒙说："军营里事务太多，恐怕不允许我再读书了。"孙权说:"我难道想让你学习经书当书生吗?不过是让你从书里增长见识罢了。你说你事务多,你跟我比比,谁事务更多?我小时候读过一些书,主管东吴大事以来又读了些书,我觉得大有收获。像你们二位,为人聪明,悟性也好,学什么一学就会,怎么能不读书呢?应该立即读《孙子》《六韬》《左传》《国语》和其他史书。"

在孙权的谆谆教诲下,吕蒙开始学习,而且非常用功。有一次,军师鲁肃领兵经过吕蒙驻地,认为吕蒙是个大老粗,不屑去看他。有个部下建议说:"吕将军进步很快,不能用老眼光看他,还是去一趟吧!"鲁肃一听,也想看看吕蒙究竟有什么变化,就前去看望,吕蒙设宴招待。席上,吕蒙问:"军师这次接受重任,和蜀国大将关羽为邻,不知有何打算?"鲁肃答道:"兵来将挡,水来土掩,到时再说吧!"吕蒙听了,婉言批评说:"现在吴蜀虽然结盟联好,但关羽性同猛虎,怀有野心,我们应该早定战略,决不能仓促从事啊!"说着就为鲁肃筹划了五项策略。鲁肃听了,心中折服,拍着吕蒙的背亲切地说:"我总以为老弟只会打仗,没想到学识与谋略也日渐精进,如今你学识渊博,不再是当年的吴下阿蒙了。"

人是不完美的,但我们可以不断完善自己的不完美。就像吕蒙一样,用自己的努力不断完善自己,以一个全新的面貌再次出现在别人面前。

追求完美是人的共性,但若只知一味求全责备,就很容易走入苛求完美的误区。世界根本就不存在完美的事物，只要我们做事尽心尽力，达到相对完美就行了。

从他出生的那一刻起就不知道父母是谁，后来，他幸运地被一对大学教授夫妇收养。2岁的时候，他的身体出现了一些状况：身高突然停止了增长，而且健康状况越来越差。经过专家会诊，他患的是一种罕见的阻碍消化和吸收食物营养的疾病，医生们认为他只能再活3个月。还好，通过静脉注射营养液，勉强使他恢复了体力，他活了下来，但他的生长发育受到了抑制。

在他的童年岁月里，大部分时间都是在医院度过的。直到10岁那年，他第一次真正走出医院，像正常人一样生活。不过，周围的孩子们总嘲笑他，并且给他取了一个"花生豆"的外号。

多年以后，他回忆道："看到那些发育正常的孩子，我就梦想在体育上能取得一些成功。"有时，他的姐姐琳达会去滑冰场滑冰，他总是跟着一起去。他看起来是那么虚弱瘦小、发育不良，鼻子里还插了一根通到胃里的鼻饲管。

一天，他看着姐姐在冰面上飞驰，突然萌生出一股冲动，他突然转身对父母说："我想试试滑冰。"两个正在谈话的大人吓了一跳，他们无法相信这个病弱的孩子能滑冰。结果，在他失败了20多次后，他真的学会了滑冰。他感觉自己在滑冰之中找到了乐趣，他可以胜过别人，最重要的是在滑冰场上，没有人会在意他的身高和体重。

奇迹接连发生了,在第二年的健康检查中,医生发现他竟然又开始长个子了。虽然对他来说,要长成正常人的高度已经不可能了,但他和家人仍旧很高兴。更重要的是,他正在恢复健康,正在获得成功,正在实现自己的梦想。

后来,没有任何一个孩子再戏弄他,相反,他们冲上前去请他签名。"他刚刚又参加了一次令人赞叹的世界职业滑冰巡回赛,一系列高难度的冰上动作让观众如痴如狂。"新闻报道中,他滑冰的模样简直像个英雄。

现在,虽然他已经不再是职业滑冰选手,但他仍旧是冬季运动中受人尊敬的教练和评论员。这个滑冰场上的英雄就是前奥运滑冰冠军斯科特·汉弥尔顿:一个即使失败多次,依然能重拾自信取得成功的真正的英雄。

追求完美的意念是可取的,虽然不能让我们达到真正意义上的完美,却能让我们从另一种方式中得到"完美"。但是,盲目地将所有的精力投放在不实际的事物上是一种无知、一种浪费。我们在追求完美的同时,也要明白世间没有真正完美的东西。所以,生活中,不论是对待工作还是自己、他人,不妨做一个适度的妥协者。

2.失败不是终点，而是成功的起点

在人生的博弈中，没有永远的输家，也没有永远的赢家。失败是生命中永不缺少的乐符，拥有失败的生命乐谱才能够抑扬顿挫，才能够丰满和华美。输得起是种勇敢，赢得起是种信念。

我们越是害怕失败，失败越是会跟着我们不放；如果我们能对失败保持一颗平常心，或许最后就能够反败为胜。

达美乐餐馆连锁店的老板汤姆·莫纳汉在创业中接连失败，但他能从跌倒中反省，寻找跌倒的原因，懂得怎么样才能反败为胜。

汤姆·莫纳汉起初是和哥哥在一所大学附近开了一家比较小的比萨饼店，生意很不好。当生意越来越糟糕的时候，哥哥把自己的股份卖给了汤姆。面对打击，汤姆一直保持着乐观的心态，他知道生意要靠不停地累积而成，他愿意从跌倒中吸取教训，以便能更好地经营自己的生意。

后来，为了扩大生意，他和一位提供免费家庭送餐服务的人合作，对方提出只支付500美元的投资，却可以取得平等的合作人资格，汤姆接受了这一不合理要求。然而，当合作方案正式开始之后，他却没有看到合伙人的那500美元。

大约两年后,汤姆破产了,并且还要承担75万美元的债务。这次跌倒给他的打击很大,但他并没有心灰意冷,还是决定从头再来。

终于,他在第二年偿还了所有债务,还赚了5万美元。但是,就在他准备重新开始时,厄运再次降临,他的饼店被一场大火毁了,损失了15万美元,保险公司却只支付给他13万美元,他又一次陷入了破产的窘境。

这是他生意场上的第三次失利,但他仍然没有放弃。3年后,他再一次卷土重来,这次,他拥有了12家比萨店,并且还有十几家正在建设中。但是由于规模扩大过快,资金出现了短缺,整个达美乐陷入了财政危机。

这是汤姆在生意场上的第四次失败。10个月后,汤姆重新接管达美乐,他让债权人和银行给他一段时间,以便他能将生意重新做起来。大多数人都同意了,但他的专营店授权商们以反托拉斯的诉状将达美乐送上了法庭。这是汤姆经营达美乐的又一次跌倒。

屡次失败并没有打垮汤姆,在接下来的9年里,经过努力,他不仅偿还了所有的债务,还使达美乐生存了下来。不仅如此,他还使达美乐成为了世界上最大的送货上门的商业机构,由此,汤姆成为了美国最富有的企业家之一。

汤姆经历了一次又一次失败,但他始终没有退缩,每一次都勇敢地站了起来,最终达到了事业的顶峰。要知道,挫折未必是一件坏事，不过是让我们多了一份阅历，多了一笔财富。因此，当我们面临失败的时候，就把它当作一次课程来上吧，这无疑是个学习的好机会。

1832年，林肯失业了，这让他很伤心。之后，他决心参政，竞选州议员，但糟糕的是，他竞选失败了。接着，林肯开始着手开办企业，可一年不到，这家企业就倒闭了。在以后的17年间，他不得不为偿还企业倒闭时所欠的债务而到处奔波，历尽磨难。随后，林肯再一次参加竞选州议员，这次他成功了。他内心萌发了一丝希望，认为自己的生活终于有了转机："可能我可以成功了！"

1835年，他与女友订婚，但离结婚还差几个月的时候，未婚妻不幸去世。这对他精神上的打击实在太大了，他心力交瘁，数月卧床不起。1836年，他得了神经衰弱症。

1838年，林肯觉得身体状况良好，于是决定竞选州议会议长，可他失败了。1843年，他又参加竞选美国国会议员，这次仍然没有成功。

尽管一次次遭遇失败，但执著的精神让林肯坚持了下来。面对挫折，他没有放弃，也没有说："要是失败了怎么办？"而是继续向前行。1846年，林肯再一次参加竞选国会议员，这次终于当选了。

两年任期很快就过去了，林肯决定争取连任。他认为自己作为国会议员表现是出色的，相信选民会继续选他。但结果很遗憾，他落选了。因为这次竞选他赔了一大笔钱，林肯申请当本州的土地官员。但州政府把他的申请退了回来，上面指出："做本州的土地官员要求有卓越的才能和超常的智力，你的申请未能满足这些要求。"

面对这接连失败的打击，如果换做是别人，也许早就放弃了，但林肯没有服输。1854年，他竞选参议员，但失败了；两年后又竞选美国副总统，结果被对手击败；又过了两年，他再次竞选参议员，可还是失败了。

林肯尝试了11次，可只成功了2次，他一直没有放弃自己的追求，一直在做自己生活的主宰。1860年，他成功当选为美国总统。

事实上，不光林肯的成功如此，每一个成功人士的成功都充满了失败和一次次重新再来的过程。所以，不要埋怨自己的不幸，更不要因为失败而气馁，失败只是成功的下一个起点。

失败不是人生的遗憾，因为每一次成功的背后都隐藏着无数次的失败，我们只有跨越这一次次的失败，才可能取得成功。

成功不是终点，失败也不是终结。那些害怕失败或仅经历过一次失败便畏缩不前的人，是无论如何也不可能赢得最后的胜利的。所以，不妨把输赢看得淡些，实实在在地走好每一步，总有一天，你会获得属于自己的成功。

3.立足不完美，寻找可以开启的梦想之门

现实中，我们之所以做事会半途而废，其中一个很大的原因不是因为能力不足，而是因为觉得心中的愿望距离自己太远。换句话说，我们放弃不是因为失败，而是因为长时间没有获得成功而感到倦怠。在人生的旅途中，我们需要做的是立足不完美，寻找最可能实现的愿望。

维莱瑞·史璜生活在美国明尼苏达州的一个小镇上。高中的时候，她在当地的戏剧团里已经小有名气，这点小小的成就给了她自信，于是，她决定在演艺界中开创一片自己的天空。她在当地的大学读了两年书，为了能够让自己拥有一个更高更大的舞台，她决定到纽约的美国演艺学院就读。

在演艺学院里，她的同学天分比她更高，尽管维莱瑞·史璜学习比较努力，但竞争中总是处于失利的位置。当她想起自己以前在小镇上的辉煌时，总觉得那已经不是荣誉，而变成了一种耻辱。后来，她在回忆这一段生活的时候说："我过去算是长得还不错，又有一些天分和经验。但和其他年轻人相比，我并不是个演艺界的好苗子。我烦恼了好几个星期，晚上睡不好，在学院的表现越来越糟糕。最后，就在几个月以前，我退学了。我不敢告诉父母，但我认为自己既然不上学

了,就不能接受他们寄来的钱,于是就开始找工作,但是我能做什么呢?我没有一技之长可转行去坐办公室或做其他任何工作, 因为我过去的一切梦想和计划都是以演艺为终身职业。"

在经历了几次挫折之后, 维莱瑞·史璜几乎对生活感到绝望。正当她准备偃旗息鼓回到家乡的时候,一个就业辅导单位的女士注意到了她,对她说:"你眼前的困难和挫折都是暂时的,你是一个很有天分的女孩,只是被眼前的假象给迷惑了。""静下心来,好好审视一下自己,看看你的长处到底在哪里,加强你的优点,你就一定能够获得成功。"

维莱瑞·史璜思考了几天之后,发现自己有很强的交际能力, 也有着超常的智慧——至少在学校读书的时候成绩不错。于是,她开始了加强优点的准备,为明天做出了一个可行的计划。她回到学校继续学业,并取得了教师资格证书。为了挣够学费和生活费,她开始重新学习打字,后来做了一份接待员的工作。她的生活发生了巨大的改变,心情也好了很多。

很多人给自己定了一个宏大的愿望,把自己的生活按照打造帝国的标准来过, 最终却在遗憾和不甘中度过了一生。面对这种情况,我们不妨换种思维方式,先去实现那些容易实现的愿望。这样一来,既能获得成功的喜悦,又能不断接近那个远大的目标。

1984年，在东京国际马拉松邀请赛中，名不见经传的日本选手山田本一出人意外地夺得了冠军。当有人问他凭什么取得如此惊人的成绩时，他说了这么一句话："凭智慧战胜对手。"

当时许多人都认为这个偶然跑到前面的矮个子选手是在故弄玄虚。许多人都认为马拉松赛是考验体力和耐力的运动，只要身体素质好，又有耐性，就有望夺冠，爆发力和速度都在其次，说用智慧取胜确实有点让人怀疑。

两年后，意大利国际马拉松邀请赛在意大利北部城市米兰举行，山田本一代表日本参加比赛。这一次，他又获得了冠军。有人又问他有什么秘诀。山田本一性情木讷，不善言谈，回答的仍是上次那句话：用智慧战胜对手。

10年后，这个谜底终于被解开了，他在自传中写道："每次比赛之前，我都要乘车把比赛的线路仔细地看一遍，并把沿途比较醒目的标志画下来，比如第一个标志是银行，第二个标志是一棵大树，第三个标志是一座红房子……这样一直画到赛程的终点。比赛开始后，我就以百米的速度奋力地向第一个目标冲去；等到达第一个目标后，我又以同样的速度向第二个目标冲去……40多公里的赛程就被我分解成这么几个小目标轻松地跑完了。而很多人，他们的目标一开始就太过宏大，太过遥远，所以跑了一段路程后就跑累了，也就慢慢没信心了。"

　　山田本一制胜的法宝,除了他过硬的体魄外,最主要的就是他懂得先跑过那个距离自己最近、最容易实现的目标。我们的人生也一样,就像一场马拉松,要是一开始就想着那个最终、最完美的理想, 那我们很多时候都会因为太久没能取得成功而丧失信心,最终在心灵的折磨中落得一无所获。

　　人的一生,说长很长,将近七八十年;说短也很短,很多事情仿佛就在昨天。要是你一味力求完美,力求一步到位,就很可能出现眼高手低的情况,最后什么也干不成,而你也会因为自己从未成功过而陷入挫败的苦楚不能自拔。因此,我们应该摆正自己的位置,调整好心态,以自身条件为前提,找到那些离自己最近、最容易实现的目标,然后尽力去实现它们。一次走一步,一步一个目标,这样就可以增强你的自信心和成就感,减少挫折感,让自己活得更加充盈。

　　每一个幸福的人生、精彩的生命,都是从最可能实现的愿望开始的,进而一步一个脚印地走向属于自己的成功。立足不完美,找寻你最可能实现的愿望,这才是获取成功、获取幸福的最佳途径。

4.阳光总在风雨后，不完美往往孕育圆满

海伦·凯勒在《假如给我三天光明》中讲述了自己的苦难人生。在她出生后不久，一场疾病使她失去了听力和视力，但海伦·凯勒没有在命运面前折腰，也不自暴自弃，她接受了命运的挑战。对于一个又聋又盲又哑的人来说，她的世界毫无生机可言，但她有永不言败的精神。她深深地了解到一个事实：作为一个残疾人，如果想达到自己的目的，就需要付出多于常人数倍的努力。于是，她开始慢慢地、一步步地摸索。她相信，总有一天，她会战胜自己，战胜生活。

与沙莉文老师的相遇是海伦·凯勒一生的幸运。从那以后，海伦终日与沙莉文老师相伴。通过莎莉文老师，海伦学到了与这个世界沟通的方法。在沙莉文老师的耐心教导下，海伦培养出了犀利的心智、独立的见解、高尚的情操、乐观坦诚的心胸和对人的关心同情。自此，海伦觉得自己的生命焕发出了无比灿烂的光辉。

就是这样一个幽闭在聋哑盲世界中的人，竟然通过自己的坚强意志，顺利从哈佛大学拉德吉利夫学院毕业，并用生命的全部力量到处奔走，建起了一家家慈善机构，为残疾人造福。她的举动赢得了世人的尊重，美国《时代周刊》更是将她评选为"20世纪美国十大英雄偶像"。

当被问到是如何创造这一奇迹时，海伦露出了从容的笑容，她说自己并不认为这是奇迹，她只不过像正常人一样学习，如果说是什么支撑着她，那就是一颗向前看的心。

海伦·凯勒屹立在生命的巅峰，用爱心去拥抱世界，以惊人的毅力面对不幸，终于在黑暗中找到了光明，最后又把慈爱的双手伸向了全世界。

所以对待失败，你需要保持感激之心，因为只有学习如何从困境中走出来，才不会重蹈覆辙。毕竟，在实践中对于经验教训的理解要比干巴巴的理论深刻得多。

爱尔兰作家克里斯蒂·布朗是一个非常不幸的人，他从小就患有严重的小儿麻痹症，导致全身上下只有一只左脚能够自由活动。但克里斯蒂没有放弃自己，他的大脑从未放弃思考，也从未失去拯救不幸命运的信念。

有一天，躺在床上的小布朗看到妹妹扔下的彩笔，就用左脚把彩笔夹起，在墙上乱画了起来。他画得正起劲的时候，母亲走了进来，她高兴地惊叫："他的左脚还能活动！"母亲坚信只要小布朗的脚能活动，他就能做许多事情。于是，她开始教布朗写字。没想到，第一天，布朗就用脚写出了3个英文字母。很快，他就学会了用脚将26个英文字母按顺序写下来，这令全家人都感到很高兴。

母亲不仅教他写字，还给他买了各种各样的书籍。克里斯蒂从中找到了极大的乐趣，也找到了改变自己命运的方法，他决定用左脚练习打字，他自信地对母亲说："我要成为全世界第一个用脚趾打字的人。"

这个过程很艰难，尤其那时候打字机的工艺还不完善，即使是一个正常人要连续打字也需要付出很多精力，更何况是他。但命运永远不会辜负那些不畏艰难而坚持不懈的人，布朗终于打出了清清楚楚的字，还能熟练地给打字机上纸、退纸以及用左脚整理文稿。

终于，他先后完成了自己的《我的左脚》、《生不逢时》两部著作，成为了举世称颂的作家。

5.接受现实，从现状出发

也许你并不优秀，但只要尽力而为，便有机会在苦难中绽放光芒，拥有灿烂的人生；也许你很懦弱、胆怯，但只要尽力而为，困难并不是无法战胜。"从现状出发，尽力而为"，是一座帮你通向幸福美好的桥梁。

从前，远方有个王国，国王的年纪大了，他把三个儿子叫到跟前对他们说："我们王国北方有一座最险峻的山峰，山顶上长着全世界最老、最高、最壮的松树。我将派遣你们独自去攀登那座高峰,从那棵树上摘一段树枝回来,只有把最棒的树枝拿回来的人,才能继承我的王位。"

第一个王子带着行囊和装备出发了。三个星期后,他风尘仆仆地回到王国,带回了一根巨大的树枝。国王似乎很满意,恭喜他完成了任务。

接下来轮到第二个王子,他发誓要取回更好的树枝,于是带着帐篷和必需品上路了。第六个星期快结束时,他才回来,拖着一个庞大的松枝,比第一个王子拿回来的大很多。国王高兴极了。

最后,最小的王子收拾行囊朝高山出发。然而,他久久没有回来,直到第十四个星期,才传来第三个儿子正在返家途中的消息。

国王算准他到家的时间,命令全国人民聚在一起,等候第三个儿子回来。王子到达时,全身衣服又脏又破,不仅疲累不堪,而且连一根树枝都没带回来。

小王子眼里含着羞愧的泪水说:"对不起,父亲,我试着去完成你交代的事,找到那座雄伟的高山,日以继夜的登上最顶端,寻遍了整个山顶,可发现那里根本就没有树!"

国王泪流满面,向幼子温和地说:"你是对的,那座山顶根本没有树木,现在,王国的一切都是你的了。"

众人不解,便问国王为何要将王位传给这位没能带回树枝的儿子。国王说:"他虽然没有带回树枝,但他是我三个儿子中最努力的。当他发现山顶没有树枝的时候，他花了好几个星期去寻找我所说的那些树，虽然他最后没能找到，但他有着作为一个国王应该有的素质。"

也许你努力了也永远达不到目标，因为那本就是一个不存在的东西，但只要你尽力了，你的人生就不会有遗憾。

皮尔从小的理想就是当一名出色的舞蹈演员。可是，因为家境贫寒，父母根本拿不出多余的钱送皮尔上舞蹈学校。于是，皮尔的父母不得不将他送去一家缝纫店当学徒，希望他学得一门手艺后能帮家里减轻点经济负担。每天在缝纫店工作十多个小时的皮尔厌恶极了这份工作，不但因为繁重的工作所得的报酬还不够他的生活费和学费。更重要的是，他觉得自己是在虚度光阴，他为自己的理想无法实现而感到苦闷。他甚至认为，与其这样痛苦地活着，还不如早早地结束生命。

绝望中的皮尔突然想起了他从小就崇拜的有着"芭蕾音乐之父"美誉的布德里。皮尔觉得只有布德里才能明白他这种愿意为艺术献身的人。于是，他决定给布德里写一封信，希望布德里能够收下他这个学生。在信的最后，他写道：如果布德里在一个星期内不回他的信，不肯收他这个学生，他便只好为艺术献身，跳河自尽了。

很快，年少轻狂的皮尔收到了布德里的回信。皮尔以为布德里会被他的执著打动，答应收下他这个学生。但信中却并没有提收他做学生的事，只是讲述了布德里自己的人生经历。布德里告诉皮尔，在他小的时候，很想当一名科学家，可因为当时家境贫穷，父母无法送他上学，他只得跟一个街头艺人过起了卖唱的日子。最后，他说，人生在世，现实与理想总是有一定距离的，人首先要选择生存。只有好好地活下来，才能让理想之星闪闪发光。一个连自己的生命都不懂得珍惜的人，是不配谈艺术的。

布德里的回信让皮尔猛然清醒了过来。后来，皮尔努力学习缝纫技术，23岁那一年，他在巴黎开始了自己的时装事业。很快，他建立了自己的公司和服装品牌，也就是如今举世闻名的皮尔·卡丹公司。

不论是工作、学习还是追寻幸福，我们都要尽力而为。成功了，我们可以获得欢喜；失败了，也不要太过忧伤，因为我们已经尽力了。有些人总是抱怨生活不给他创造机会，殊不知，机会只会给那些有准备、懂得尽力而为的人。

记住，只要凡事尽力而为，就能问心无愧，即使一事无成，也能收获途中乐事。

6.如若完美，何须奋斗

　　我们需要清楚一个问题:奋斗的目的是什么？可能很多人会回答,奋斗的目的就是成功。可是,成功意味着什么呢？是财富、名誉或地位？其实,我们奋斗的目标应该是让自己成为一个自我心中或他人心中相对"完美"的形象。当我们对自己满意了,奋斗的脚步也就停止了。如果一个人天生就完美,那他还有奋斗的必要吗？

　　日本一家熟食加工厂的总裁山中康夫先生，曾经是一个连自己的名字都不会写的校工,月薪只有500日元。尽管他十分满足,很认真地干了几十年,可就在他快要退休时,新上任的校长以他不识字为由,将他辞退了。

　　几经争取无效后,山中康夫恋恋不舍地离开了学校。这天，他又像往常一样去为自己的晚餐买半磅香肠。快到食品店门前时,他猛地一拍额头——食品店的老板娘去世了,她的食品店已关门多时了。"真是倒霉,附近街区竟然没有第二家卖香肠的。"刚刚受到失业打击的山中康夫情绪坏到了极点。忽然，一个新鲜的念头在他的脑海闪现——我为什么不自己开家专卖香肠的小店呢？有了这个想法后,山中康夫立即动手做了起来,他拿出自己仅有的一点积蓄

接手了这家小店，专门经营香肠生意。

5年后，山中康夫成了名声显赫的熟食加工公司的总裁。当年辞退他的校长十分敬佩地打电话称赞他："虽然您没有受过正规的学校教育，却拥有如此成功的事业，实在是太了不起了。"

山中康夫答道："那得感谢你当初辞退了我，让我摔了个跟头后，才认识到自己还能干更多的事情。否则，我现在肯定还只是一位月薪500日元的校工。"

假如我们不能接受现实的不完美，经受不住现实的考验，听任命运摆布，那我们将很可能老死窗下。但反过来，假如我们懂得接纳生活的不完美，懂得战胜生活中的种种困难，那就有可能成为一个成功的人，收获幸福的人生。

武田信玄是日本战国时代最懂得作战的人，连织田信长都怕他三分。

武田信玄对胜败的看法相当有趣，他认为，作战的胜利，胜之五分是为上，胜之七分是为中，胜之十分是为下。这和完美主义者的想法完全相反。他的家臣问他为什么会有这种想法，他说：胜之五分可以激励自己再接再厉，胜之七分将会懈怠，而胜之十分就会生出骄气。连武田信玄的终身死敌上杉彬也赞同他这种说法。据说，上杉彬曾说过这么一句话："我这所以不及信玄，就在这一点上。"

实际上，信玄一直实行着胜敌六七分的方针。所以，他从16岁开始，打了38年的仗，从未败过，他所攻下的领地与城池也从未被夺回去过。德川家康更是将武田信玄的这个想法奉为圭臬。

我们应当记住，不能容忍不完美，只会给我们的人生带来更多的痛苦和烦恼；相反，如果我们能接纳不完美，我们就能在不完美中不断奋斗，进而拥有自己的成功。

生活中，每个人都希望拥有一个完美的生活，希望自己生活在没有缺陷的天堂里。但你是否想过，如果生活是完美的，或者说有一天你得到了完美，那你接下来应该做什么呢？要知道，正是生活的不完美、世界的不完美、人生的不完美，给了我们奋斗的机会和动力。

7.人生的不完美，很可能是成功的入口

面对自己的不幸，屈服于命运，自卑于命运，并企图依此博得他人的同情，这样的人永远只能躺在自己的不幸上哀鸣，永远也不会有站起来的那一天。失败并不意味着失去一切，靠自己的奋斗不懈努力，一样可以消除缺憾的阴影，并赢

得尊重。

保罗是一位很成功的企业家, 他从一个小小的职员做起,经过多年的奋斗,终于拥有了自己的公司,并且受到了人们的尊敬。

一天,保罗从自己的办公楼出来,刚走到街上,就听见身后传来"嗒嗒"的声音。保罗听出那是盲人用竹竿击打地面的声音。他慢慢转过身,盲人也听到了前面的声音,急忙上前说道:"尊敬的先生,您一定发现我是一个可怜的盲人,能不能占用您一点点时间呢?"

保罗说:"我急着去见一位重要的客户,你有什么事就快说吧!"

盲人在一个小包里摸索了很长时间, 才拿出一个打火机,放到保罗的手里,说:"先生,这个打火机质量非常好,只卖一美元啊,您能买一个吗?"

保罗听后,叹了口气,然后从西装口袋里掏出了一张钞票递给盲人,说道:"虽然我并不抽烟,但我愿意帮你。这个打火机,也许我可以送给门卫。"

盲人用手摸了一下那张钞票,竟然是100美元。他用颤抖的手反复摸着那100美元,激动地说:"您是我见过的最仁慈的富人! 我会祈求上帝保佑您的。"

保罗笑了笑,正准备离开,盲人却拉住他说:"您不知道,我并不是一生下来就瞎的,都是20年前布尔顿的那次事故,真是太可怕了。"

保罗一惊，问道："你是在那次化工厂爆炸中失明的吗？"

盲人好像遇见了知音，激动得连连点头："是啊，是啊，您也知道？这也难怪，那次炸伤了好几百人，光炸死的就有90多人呢！"

盲人想用自己的遭遇打动对方，以便得到更多的钱，于是非常可怜地接着说："我真是可怜啊！被炸瞎后只能到处流浪，吃了上顿没下顿，就算死了，也没有人知道。您或许还不知道当时的情况，火一下子就冒了出来，就好像是从地狱中冒出来的。逃命的人们都挤在一起，我好不容易挤到门口，可一个大个子在我身后大喊：'让我先出去，我还年轻，我不想死啊！'他把我给推倒了，从我身上踩了过去。我后来就晕过去了，等我醒来的时候，就成了瞎子，命运真是不公平啊！"

保罗冷冷地说："事实恐怕不是你所说的这样吧，你好像说反了。"

盲人非常吃惊，只是用空洞的眼睛呆呆地对着保罗。

保罗一字一顿地说："我当时就在化工厂工作，如果我没记错的话，是你从我的身上踩过去的。你长得比我高大，我永远都忘不了你当时说的那句话。"

盲人呆了，过了很长一段时间，他突然一把抓住保罗，爆发出一阵大笑："这就是命运啊！不公平的命运啊！你在里面，可你现在却出人头地了；可我出去了，现在却成了一个没用的瞎子。"

保罗用力推开盲人的手,举起了手中极为精致的棕榈手杖,平静地说:"你可能还不知道,我也成了瞎子。你相信命运,可我不信。"

同样遭遇不幸或失败,有的人能出人头地,有的人却只能以乞讨混日子,这绝非命运的安排,而在于个人是否努力。所以,不管你遇到了何种不公平——无论它是先天的缺陷还是后天的挫折,都不要怜惜自己,而应咬紧牙关挺住,然后像狮子一样勇猛向前。

美国人派蒂·威尔森是一个患有癫痫的少女,但她却树立了不倒的信念,创造了不倒的奇迹。她的父亲吉姆·威尔森习惯每天晨跑。有一天,戴着牙套的派蒂兴致勃勃地对父亲说:"爸,我想每天跟你一起慢跑。"

父亲回答说:"也好,万一你病情发作,我也知道如何处理。我们明天就开始跑吧。"

于是,十几岁的派蒂开始与跑步结下不解之缘。和父亲一起晨跑是她一天之中最快乐的时光,而且幸运的是,跑步期间,派蒂的病一次也没有发作过。

几个礼拜之后,她向父亲表达了自己的心愿:"爸,我想打破女子长跑的世界记录。"她父亲替她查吉尼斯世界纪录,发现女子长跑的最高纪录是128.7千米(80英里)。

当时,读高一的派蒂为自己制订了一个长远的目标:"今年，我要从橘郡跑到旧金山（643.6千米，约400英里）；高二时，要到达俄勒冈州的波特兰（2413.5千米，约1500英里）；高三时的目标为圣路易市（3218千米，约2000英里）；高四则要向白宫前进（4827千米，约3000英里）。"

虽然派蒂的身体状况与他人不同，但她仍然满怀热情与理想。对她而言，癫痫只是偶尔给她带来不便的小毛病，她不应该因此而消极畏缩，相反，她更珍惜自己已经拥有的。

高一时，派蒂一路跑到了旧金山。她父亲陪她跑完了全程，做护士的母亲则开着旅行拖车尾随其后，照料父女两人。

高二时，她在前往波特兰的路上扭伤了脚踝。医生劝告她立刻中止跑步："你的脚踝必须打石膏，否则会造成永久性伤害。"

她回答道："医生，你不了解，跑步不是我一时的兴趣，而是我一辈子的至爱。我跑步不单是为了自己，同时也是想向所有人证明，身有残缺的人照样能跑马拉松。有什么方法能让我跑完这段路？"

医生表示可用黏合剂先将受损处接合，而不用打石膏，但他警告说，这样会起水泡，到时会疼痛难耐。派蒂二话没说便点头答应。

派蒂终于来到了波特兰，俄勒冈州州长还陪她跑完了最后一程。一面写着红字的横幅早在终点等着她："超级长跑女将，派蒂·威尔森在17岁生日这天创造了辉煌的纪录。"

高中的最后一年，派蒂花了4个月的时间，由西岸长征到东岸,最后抵达华盛顿,并接受了总统的召见。她告诉总统:"我想让其他人知道,癫痫患者与一般人无异,也能过正常的生活。"

并非苦难成就天才,也不是天才特别热爱苦难,而是天才对待苦难的态度与常人不同。很多人都会碰到苦难,有的人退缩了,有的人克服了。退缩的人就此沉没,克服的人成了天才。

8.有一只柠檬,就用它做一杯柠檬水

你痛苦过吗?答案是肯定的,痛苦往往能给我们很多警示。小时候,一次不小心打翻了水瓶,烫伤了自己,从此知道了开水不是好玩的;上学时,因顶撞老师而受到了重罚,从此懂得了,要想别人尊重你,首先要学会尊重别人;工作时,因自己的过失给公司造成了重大损失而被炒鱿鱼,从此明白了,机会永远留给准备充分的人。痛苦并不可怕,可怕的是为这些遗憾而难过。

德国哲学家尼采曾经说过:"不仅要在必要的情况下忍受一切痛苦,还要喜爱一切痛苦,因为痛苦是人生前进的动力。"我们的人生始终与痛苦相伴,痛苦是最好的老师,它能让我们从一个懦弱者成长为一个坚强者。坚强者把痛苦当作

动力，去寻找快乐的彼岸；而儒弱者只会在抱怨痛苦的深渊中沉沦，从此与快乐绝缘。

许多伟大的成功者的人生中都铭刻着"痛苦"两个字。他们之所以能够成功，是因为他们在此之前就遭遇到了巨大的痛苦，痛苦促使他们加倍努力，从而得到更多的报偿。正如威廉·詹姆斯所说的："我们的痛苦对我们是一种持久的帮助。"

如果你是个有梦想的人，而且你已经踏上了追求梦想之途，那你就要学着去体验痛苦。你要试着去做不幸者的朋友，打开你的视野，让你渺小的心灵深深懂得他人的痛苦是多种多样的，在你的痛苦之外还有千百种痛苦，如疾病的痛苦、衰老的痛苦、失去孩子的痛苦、失去母亲的痛苦、失败的痛苦、被朋友出卖的痛苦、孤独的痛苦、无人诉说的痛苦……当你渐渐领略了这些痛苦后，你头脑中要有一条清晰的思维，不能被这些痛苦吓倒，你要懂得痛苦是快乐的源泉，是推动你前进的人生动力。

在美国，"钻石大王"亨利·彼得森和他的"特色戒指公司"几乎无人不知、无人不晓。亨利从16岁给珠宝商当学徒开始，白手起家，经历了别人难以想象的艰辛，最后一跃而成为享誉世界的"钻石大王"。

1908年，亨利·彼得森生于伦敦一个犹太人家庭，幼年时父亲便撒手人世，家庭生活的重担落在了母亲柔弱的肩上。迫于生计的压力，母亲携彼得森移居纽约谋生。在他14岁时，作为他生活支撑的母亲也因劳累过度一病不起，亨利不得不结束半工半读的学习生涯，到社会上做工赚钱，肩负起家庭生活的沉重负担。

亨利16岁的时候，来到了纽约一家小有名气的珠宝店当学徒。这家珠宝店的老板名叫卡辛，是个犹太人，也是纽约最好的珠宝工匠之一。作为一个珠宝商，他在纽约上层社会的达官贵人和公子小姐中颇有声誉，他们对卡辛的名字就像对好莱坞电影明星一样熟悉。卡辛手艺超群，凡经过他亲手镶嵌的首饰，都能赢得人们的赞誉并卖出高价。

但是，作为珠宝店的老板，卡辛也是一个目中无人、言语刻薄的暴君，他对学徒的严厉简直到了暴虐的程度，珠宝店的学徒在他面前无不蹑手蹑脚、谨慎从事，唯恐自己的疏忽和过错惹怒这个没有人情味的老板。

对于珠宝尤其是钻石的生产而言，最艰苦、最难以掌握的基本功莫过于凿石头。

亨利上班第一天，卡辛给他安排的任务就是练习凿石头。根据卡辛的"教诲"，一块拳头大小的石头，亨利要用手锤和斧子打成10块尺寸相同的小石块，不干完就不能吃饭。亨利从没有干过这种活，看着这一块石头发呆良久，不知如何下手，唯恐一不小心招来老板的训斥和挖苦。但他别无选择，只得硬着头皮干。他先把大石头劈成10小块，然后以10块中最小的那块为标准，慢慢雕凿其他9块。虽说石头质地不是特别坚硬，但层次非常分明，稍不小心就会把石头凿下一大块而前功尽弃，并招来老板的呵斥。

后来据亨利自己说，尽管老板非常苛刻，但也是为了让他们早日掌握打造石头的要领，因为对于钻石生产而言，打造石头是来不得半点含糊的基本功。同时，也是借此来考验学徒们的意志，过不了这一关，是永远也不能成为成功的钻石商人的。学徒第一天下来，亨利腰酸背痛，四肢发软，眼睛发胀，尽管非常努力，但他还是没能完成老板布置的任务。

以后的数天里，亨利简直成了一台机器在那里机械地运转，整日挥汗如雨地在那里劈凿。但后来成就了一番事业的亨利·彼得森对卡辛充满了感激之情，他说，如果没有卡辛的严厉要求，他绝对不会成为"钻石大王"。

母亲看着孩子日渐消瘦的面容和血迹斑斑的双手，实在不忍心让孩子受这种委屈与折磨。但她知道，对于穷人家的孩子，除了靠吃苦谋生外别无选择。

万事开头难，自己支摊也不是件容易的事。虽然要求不高，只要有一张工作台就可以，但在房租昂贵的纽约找一块地方又谈何容易？关键时刻，还是有着互助意识的犹太同胞帮了他的忙。他就是亨利在珠宝店里当学徒时认识的犹太技工詹姆。

詹姆与他人合资在纽约附近开了一个小珠宝店。亨利去找他想办法，詹姆的小珠宝店很小，约有12平方米，已经摆了两张工作台。詹姆很热心，看他处境艰难，就允许他在这个小房间里再摆一张工作台，每月只收10美元租金。

工作台的问题得到了解决，但身无分文的亨利无力预付房租，必须找到活儿干，否则仍然无法生存。

到了第23天，他终于揽到了一笔生意。一个贵妇人有一只2克拉的钻石戒指松动了，需要坚固一下，她在拿出戒指前郑重地问亨利跟谁学的手艺，当得知面前这个首饰匠是卡辛的徒弟时，她放心地把戒指交给了他。这对亨利来说是一个重大发现，原来卡辛的名字在这些有钱人中有如此重的分量，他马上想到可以借助卡辛的名气揽生意。也正是从此开始，他深刻地意识到了声誉的重要性。

亨利靠着"卡辛的徒弟"这块招牌干了两三个月，生意不错。这时，西州的一家戒指厂的生产线出了问题，急需一个有经验的工匠做装配。在听说了亨利的名气后，这家戒指厂商慕名请他去帮忙，他愉快地接受了这份工作。期间，很多人慕名来找他加工首饰，他都一一热情接待，把业余时间都用在加工首饰上。当然，他每星期的收入也开始明显增多，有时可赚到170多美元。就这样，他一边在工厂工作，一边加工首饰，终于在经济大萧条的年代里渡过了失业难关，生活也得到了极大的改善。

如果你正处于无法忍受的痛苦之中，请记住这句话："如果有一只柠檬，就用它做一杯柠檬水。"你会因为这杯柠檬水快乐，从而获得更多的幸福。

9.缺陷可能会成为你的优势

上天关上一扇门的同时，一定会为你打开另一扇窗。所以，我们不必为自己的平庸和丑陋感到自卑，只要善于发现，完全可以从这些自认为丑陋的缺陷中找到有价值的一面。只要我们能以一种平和乐观的心态来对待人生，自己所有的缺陷都将成为微不足道的小问题。

有个名叫艾莉的小女孩长得有点丑，其实，主要问题并不在于她长得不好看，而是她的五官搭配得有点偏离正常比例。艾莉为此十分自卑，时常在心里抱怨上天的不公、自己的不幸，因此从未露出过笑容。艾莉一天天长大，这种自卑感越来越强，母亲看在眼里，疼在心里。

一天，为了帮助女儿摆脱心理困境，她把女儿拉到照相馆，一定要为女儿拍一组照片。照相馆中，母亲的要求很奇怪，她让女儿在拍照片时保持微笑，但不是让摄影师拍她的整张脸，而是逐一对眼睛、鼻子、耳朵、嘴巴等五官单独拍特写。帮女儿拍完照片后，她又拿出美国著名女星玛丽莲·梦露的头像，让摄影师翻拍，同样要求把五官一一分开。

几天后，等照片冲洗出来，母亲就把女儿的五官照片和著名女星玛丽莲·梦露的五官照片一一对照，并贴到女儿卧房的墙上。

母亲拉过女儿,让她看着那些被分割的照片,并对她说:"和世界上最著名的美女比较一下,你哪个地方比她差呢?"女儿迷惑地看了看母亲,将信将疑。后来,她把自己的这些照片指给那些闺中密友看,有的说她的眼睛比梦露的眼睛迷人,有的说她的嘴巴更性感。渐渐地,她相信了母亲的话,觉得自己并不比玛丽莲·梦露丑。于是,她的笑容渐渐多了,自信也随之而来。

人生总会有遗憾,但这并不会妨碍你走向完美。就像十指有短长一样,许多人身上都有这样或那样的缺陷,不同的是,一些人因此失落沉沦,一些人却因此活得比正常人还好,这是什么原因呢?因为他们的做人心态大相径庭。

戴尔·卡耐基在美国弗吉尼亚州一个旅馆碰到了班·符特先生。这个坐在轮椅上的撰稿人的历程让卡耐基感慨不已。

"事情发生在1930年,"他微笑着告诉卡耐基,"我砍了一大堆胡桃木的树枝,准备做菜园豆子的撑架。我开着福特车把这些枝条运回家。但意外的事很快便发生了:枝条卡在车的引擎中,车辆滚出了公路老远,我受了重伤,两腿麻痹了。"

"出事的那年我只有24岁,从那以后,我就没有走过一步路。"卡耐基问他怎么能够这样有勇气去接受这个事实，他说："我以前并不如此。"很长一段时间里，愤恨和难过占据了他的心灵，他抱怨命运。可是，抱怨并不能改变一切，他说："愤恨没有改变我的一丁点现状，我终于明白并告诉自己，我应庆幸发生过那样一件事。"他告诉卡耐基，当他克服了当时的震惊和悔恨之后，他的生活就进入了一个完全不同的世界。他开始看书，对好的文学作品产生了喜爱，书给他的生命带来了新的意义。好的音乐也能给他莫名的感动。"有生以来第一次，"他说，"我能让自己仔细地看看这个世界，有了真正的价值观念，我开始了解，以往我所追求的所谓完美的事情，实际上大部分一点价值都没有。"

我们越研究那些有成就者的奋斗经历，就会越发深刻地感觉到，他们之中有非常多的人之所以这样而不是那样，是因为他们虽然有一些会阻碍他们的缺陷，但那些缺陷却促使他们加倍努力。

许多时候，上天安排的厄运并非故事的结局，以你的努力作笔，你完全可以改写。

的确如此，只要会利用，缺陷也会变成有利条件，关键是我们采取什么样的态度和方法。命运给我们的暗示也许正是这样：你认为你是什么样的人，你就会成为什么样的人。

第七章

随缘自适，
顺其自然的人生更自在

1.随性生活，顺其自然是一种大智慧

生活中，并非每个人都是幸运的，也并非每个人的每个愿意都能实现。如果命中无此福，我们又何必去苦苦强求呢？要知道，外表再好也只是一副皮囊，老了就会长满皱纹，谁也摆脱不了岁月的痕迹；财富再多也只是身外之物，生不带来死不带去，心灵磨灭了，就什么都不存在了。所以，我们要爱护自己的内心世界，不要因为苛求得到太多而折磨自己的心灵。

幸福和快乐不需要刻意去追求，它其实就在我们周围，在我们的内心深处，只有随性而为，你才能真切地感受到它。

随性而为是顺从心灵的一种简单的、自由的生活方式，心里想怎么样，就怎么样去做，就像小草自然地发芽、生长，就像小鸟在天空中自由地飞翔，不受尘世的任何束缚和约束。不必为了得到别人的赞美而去故意做作，不必为了满足内心的物欲而给自己的心灵套上枷锁，不必为了显示自己的威严而在孩子面前故作严肃、深沉……它是一种完全根据自我的需求去支配自己行为的一种生活方式。

有一天，小强与爸爸在后院玩耍，发现后院里的草地有一部分枯黄了。小强就对爸爸说:"爸爸,快撒些草籽吧,这草地太难看了。"

"不着急,什么时候有空了,我就去买一些,草籽什么时候都能撒。"爸爸答道。

冬天过去后,爸爸把草籽买了回来,交给小强说:"去吧,把草籽撒在地上。"起风了,那些草籽被风吹得到处都是,小强很是着急:"不好,许多草籽都被吹走了!"

爸爸说:"没关系,吹走的多半是空的,撒下了也发不了芽,担心什么呢? 随性!"

就在这时候,一群小鸟飞来了,又把刚刚撒在地上的草籽吃了。小强惊慌地跟爸爸说:"不好了,草籽都被小鸟吃了!"

爸爸又说:"没关系,草籽多,小鸟是吃不完的,你就放心吧。过不了多久,这里一定会长出小草!"

小强对爸爸的回答很不满意,晚上睡在床上想,那些草能不能活下去呢?这时,外面突然响起了雷声,不一会儿就下起了大雨,小强的内心更急了,他暗暗担心自己种了一天的草籽到最后会什么也没有。

第二天早上,他来到院子里一看,地上果然一颗草籽也没有,他连忙冲进爸爸的房里说:"爸爸,昨晚下了一场大雨,把地上的草籽都冲走了,怎么办啊?"

爸爸不慌不忙地说:"不用着急,草籽被冲到哪里就在哪里发芽。随缘吧!"

不久,许多青翠的草苗果然破土而出,原来没有撒到的一些角落里居然也长出了青翠的小草。

　　小强高兴地对爸爸说："太好了，我种的草长出来了！"

　　爸爸点点头说："随喜！"

　　小草有小草的生命规则，只要是有水有土的地方，就能发芽。所以，只要你撒下了草籽，就不必担心小草能不能发芽。我们的生活也要这样随性而为，不必刻意强求，过于担心只会影响你的生活与工作原本的节奏。任何事情都有其规律，与其百般思量，不如随性而为，这样才更容易让我们感受到生活的乐趣与意义。

　　生命是一种缘，是一种必然与偶然互为表里的机缘。有时候，命运偏偏喜欢与人作对，你越是挖空心思去追逐一种东西，它越是想法设法不让你如愿以偿。这时候，痴愚的人往往不能自拔，好像脑子里缠了一团毛线，越想越乱，陷在了自己挖的陷阱里；而明智的人则会顺其自然，不去强求不属于自己的东西。

　　人生有时充满了痛苦和无奈。与别人在见解上发生了冲突，彼此不能和谐相处，于是我们不快乐；即将高升之时，突然被小人使了绊子、下了套，于是我们愤怒、痛苦；应得的利益被人夺去了，于是我们懊恼、伤心……种种无法由自己主宰的苦恼，使我们终日生活在患得患失之中。

　　其实，人生历程中，我们应该理性地体会人的自然需要，顺其自然地生活。在自己的内心建立一个安宁平静的港湾，来停泊暂避暴风雨的生命之舟。

世界建筑大师丹尼斯的迪斯尼乐园马上就要对外开放了,然而,各景点之间的路该怎样连接还没有具体方案,丹尼斯心里十分焦躁。巴黎的庆典一结束,他就让司机驾车带他去地中海海滨。

汽车在法国南部的乡间公路上奔驰,这里漫山遍野都是当地农民的葡萄园。当他们的车子拐入一个小山谷时,他们发现那儿停着许多车子。原来这是一个无人看管的葡萄园,你只要在路边的箱子里投入8法郎就可以摘一篮葡萄上路。据说这是当地一位老太太的葡萄园,她因无力料理而想出了这个办法。谁知道,这个办法一实施,在这绵延上百里的葡萄园里,总是她的葡萄最先卖完。

这种给人自由、任其选择的做法使大师深受启发。一回到住地,他就下令撒上草种,迪斯尼乐园提前半年开放。

半年时间里,草地被踩出了许多小道,这些踩出的小道有宽有窄,优雅自然。第二年,丹尼斯让人按这些踩出的痕迹铺设了人行道。

在伦敦国际园林建筑艺术研讨会上,迪斯尼乐园的路径设计被评为世界最佳设计。

上天既然给了我们生命,我们就应该活出它的价值,而随性生活,就是顺着自己的心意去探寻生命的轨迹。不必计较一时的得失，不必在意那些身外之物，这样才能让自己切实地活出真正的自我，体现出自我的真正价值。

2.没有了太阳，还有星星

当一个人毫无选择的时候，反而能做出最好的选择；而当人们有很多选择的时候，却会失去选择，被"完美"的围城狠狠地缠住。

塞尔玛是一个普通的随军家属，一次，她陪伴丈夫驻扎在一个处于沙漠中的陆军基地里。

丈夫奉命到沙漠里演习，她一个人留在陆军的小铁皮房子里。天气热得让人受不了，即使在仙人掌的阴影下也有50多度。她没有人可以聊天——身边只有墨西哥人和印第安人，而他们不会说英语。她非常难过，于是就写信给父母，说要丢开一切回家去。不久，她收到了父亲的回信，信中只有短短的一句话："两个人从牢房的铁窗望出去，一个看到了泥土，一个却看到了星星。"

读了父亲的来信，塞尔玛觉得非常惭愧，她决定在沙漠中寻找属于自己的"星星"。塞尔玛开始和当地人交朋友，她对他们的纺织、陶器很有兴趣,他们就把自己最喜欢的纺织品和陶器送给她。塞尔玛研究那些引人入迷的仙人掌和各种沙漠植物,观看沙漠日落,还研究海螺壳,这些海螺壳是几万年前当沙漠还是海洋时留下来的……原来难以忍受的环境变成了令人流连忘返的奇景。塞尔玛为自己的发现感到兴奋不已,并就此写了一本书,以《快乐的城堡》为书名出版。

是什么使塞尔玛的内心发生了这么大的改变呢?沙漠没有改变,印第安人也没有改变,改变的只是她的心态,一念之差,使她把原先认为恶劣的情况变为了一生中最快乐、最有意义的经历。

因此,面对生活和工作中的一切,你不能随意给事物定位,认为哪个是你应得的,哪个是你不应该失去的。得到与失去没有什么应该不应该,全在于你怎样去看待。

如果为了一颗逝去的流星哭泣,那你失去的可能会是整个星空。换一种心态面对生活,让自己快乐起来,你就会发现,自己得到的其实不少。

一个女孩活泼、美丽,却不幸身患绝症,据医生诊断,她最多还有10个月的生命。当知道自己的病情以后,女孩所有的欢乐都没有了,她开始拒绝治疗,而且不和任何人说话,甚至连眼睛都不愿意睁开,只是静静地等待死神的到来。

　　医生说身患绝症的病人如果能鼓起勇气，勇敢和死亡搏斗，也许会有奇迹发生。

　　家人心急如焚，却无可奈何，直到有一天，一位老人住进了医院。

　　"孩子，你看看外面啊！"女孩听到了一个陌生的声音，不由得有些好奇，于是睁开眼睛，这才发现不知道什么时候病房里多了一位年老的病人。

　　"孩子，你应该看看窗外。"老人又说。女孩出于礼貌，把目光投向了窗外。

　　一丛花儿开得正艳，女孩想起自己美好的青春还没有来得及绽放，就即将凋谢，不由得黯然神伤。老人明白女孩的心思，说道："你看看那棵树。"

　　挨着病房的楼房一角，生长着一棵树。那棵树很奇怪，叶子稀稀疏疏，树皮斑驳脱落，树枝很少，而且树身严重扭曲，但这棵树看起来却显得精神百倍。

　　女孩收回目光，迷惑地看着老人，这样的树有什么好看的？

　　"你知道它为什么会这样吗？"老人问道。

　　女孩考虑了一会儿，看着树周围林立的高楼，淡淡地说："大概是修建这些楼的时候弄的吧？"

　　老人笑道："真是一个聪明的女孩。确实是这样，这棵树已经有几十年的寿命了。许多年前，这棵树跟别的树一样，树干笔直，枝繁叶茂，树皮光滑，但在修建这些大楼的时候，落下的砖石泥块掉在它身上,于是树皮、树枝就成了这样。楼房建好以后,所有的阳光都被挡住了,为了寻找阳光,树干慢慢开始扭曲,最终变成了这个样子。"

女孩的眼睛再次看向窗外,那棵历经苦难的树在阳光下显得那么有活力,虽然磨难重重,可丝毫没有摧毁它那顽强的生命力。

看着看着,女孩的眼睛湿润了,她似乎明白了什么。"谢谢你,爷爷,我懂了!"在她那因为久病而显得苍白的脸上多了一些微笑。

老人看着女孩说道:"天地少了,快乐就少了,痛苦就多了;世界大了,微笑就多了,痛苦就小了。孩子,错过了星星,还有月亮;错过了月亮,还有太阳;就算连太阳也错过了,还有整个天空。一棵树尚且为了生命在努力争取每一点阳光,我们又何必因为错过了星星而抛弃整个世界呢?"

此后,女孩开始积极配合治疗,她就像那棵不幸的树,尽自己最大的努力去争取阳光,用自己顽强的毅力和死神抗争。

几年以后,女孩还是去世了,虽然她没有为自己的生命创造奇迹,但她却让医生的死亡诊断一次次落空,直到生命的最后一刻,她仍然面带笑容。

在她留下的日记中,有这么一句话:"没有了星星,还有月亮;失去了月亮,还有天空。病痛带给了我痛苦,却也让我懂得了人生。在生命最后的日子里,我失去了很多,却也让我明白了很多！"

美艳无双的西施有心痛之病，才智绝顶的诸葛亮也会霸业难成，勇冠欧洲的拿破仑也会上演滑铁卢之败。然而，正是这些残缺在某种程度上成就了完美：西施因为心痛多了一点我见犹怜的动人；诸葛亮因为大业难成多了一曲千秋悲歌；拿破仑因为滑铁卢的惨败多了一份历史的传奇。这些都告诉我们，完美与缺憾是并存的，如果我们懂得换个角度去看，就能发现缺憾背后的美。

3.不要苛求完美，不完美的人生亦快乐

一些人常常感叹自己活得累，这其实是由于他们奢求太多，不断给自己增加各种负担，结果让自己疲惫不堪，如果能试着放下一些东西，简单一些，他们就会发现自己会变得更快乐。

据说上帝在创造蜈蚣时，并没有为它造脚，但它可以爬得和蛇一样快。有一天，它看到羚羊、梅花鹿和其他有脚的动物都跑得比自己还快，心里很不高兴，羡慕地说："脚越多，当

然跑得越快。"

于是,它向上帝祷告:"上帝啊,我希望拥有比其他动物更多的脚。"

上帝答应了蜈蚣的请求,他把好多脚放在蜈蚣面前,任凭它自由取用。

蜈蚣迫不及待地拿起这些脚,一只一只地往身体上安放,从头一直放到尾,直到再也没有地方可安,它才依依不舍地停止。

它心满意足地看着满身是脚的自己,心中暗暗窃喜:"现在,我可以像箭一样快速地飞出去了!"

但是,等它开始准备跑步时,才发觉自己完全无法控制这些脚。这些脚完全各走各的,它必须全神贯注才能使这一大堆脚不致互相绊跌而顺利地往前走。

为此,它感到很痛苦,却一点办法也没有,只能后悔当初不该奢求过多,给自己造成了极大的负担。

"只有简单着,才能快乐着。"不奢求华屋美厦,不垂涎山珍海味,不追名逐利,内心充实富有,过一种简朴素净的生活,才能感受生活的快乐。这样的生活才是自然的生活。

从前有一位国王,他十分富有,也很有权势,照理说,他应该过得很满足、很快乐,但事实是,他的内心一点都不快乐。国王自己也十分纳闷,为什么他对自己的生活这么不满意？

有一天，国王很早就起床了，他随意在王宫四处转悠。国王无意间走到御膳房时，听到里面一个厨子在快乐地哼着小曲，脸上洋溢着幸福的表情。

国王甚是奇怪，问那个厨子为何如此快乐？厨子答道："我家里有一间草屋，肚子里不缺暖食，家里有贤惠的妻子和可爱的儿子，这样美满的生活，我能不快乐吗？"

听到这里，国王明白了。随后，国王与朝中的宰相讨论这个厨子的快乐，宰相说："陛下，我认为这个厨子还没有成为'99一族'。"

国王惊讶地问道："何谓'99一族'？"

宰相答道："你只要做一件事情，就可以确切地明白什么是'99一族'了。准备一个包袱，在里面放进99枚金币，然后把这个包袱放在那个厨子的家门口，您很快就会明白一切。"

国王按照宰相所言，命人将一个装有99枚金币的包袱放在那个快乐的厨子家门口。厨子回家的时候，发现了门前的包袱，好奇地把包袱打开，先是惊诧，然后狂喜：金币！怎么会有这么多金币？厨子将包袱里的金币全部倒出来，查点了三遍，都是99枚。他心中纳闷：没理由只有这99枚啊？哪有人会只装99枚啊？那一枚掉到哪里去了呢？于是，他开始到处寻找，找遍了整个院子也没有找到，心情沮丧到了极点。

为了凑足100枚金币，他决定从明天起加倍努力工作，争取早日挣回那一枚金币。晚上，由于找那枚金币太辛苦，第二天早上便起来得有点晚，情绪也坏到了极点，对妻子与孩子大吼大叫，不停地责骂他们没有及时把他叫醒，影响了他早日挣回那一枚金币的梦想。

从那以后，厨子每天匆匆忙忙地来到御膳房，为了多挣钱，他再也不像以前那么兴高采烈地哼小曲、吹口哨了，平时只知埋头拼命干活，一点儿也没有注意到国王正在悄悄地观察他。

国王看到原本快乐的厨子心情变得如此沮丧，十分不解，就问宰相："他已经得到那么多金币，应该比以前更快乐才对，可为何会变成现在这样呢？"

宰相对国王说："陛下，你现在看到的厨子就是'99一族'中的成员。他们拥有很多，但从来不懂得满足，只是拼命地工作，只为了额外地得到那个'1'，为了尽早实现那个'100'。原本快乐、轻松的生活，只因为忽然出现了能够凑足100的可能性，就变得不快乐了。他们竭尽全力去追求那个毫无任何意义的'1'，不惜付出失去快乐的代价。这就是'99一族'。"

厨子的经历告诉我们："知足者贫穷亦乐，不知足者富贵亦忧。"所以，快乐与富贵、贫穷无关，关键取决于我们内心是否满足。

真正的快乐不是拥有得多，而是内心的欲求少。当你早上醒来时，如果发现自己还能顺畅地呼吸，那就说明你比在这一周离开人世的人更有福气；如果你从未经历过战争的危险、被囚禁的孤寂、受折磨的痛苦和忍饥挨饿的难受……你已经好过世界上5亿人；如果你的冰箱里有食物，有屋栖身，你已经比世界上７０％的人更富有；如果你积极地去握一个人的手，拥抱他，或者只是在他的肩膀上拍一下……那么，你真的很幸福，因为你现在所做的已经等同上帝才能做到的。就像歌中唱得那样："想想疾病苦，无病即是福；想想饥寒苦，温饱即是福；想想生活苦，达观即是福；想想乱世苦，平安即是福；想想牢狱苦，安分即是福；莫羡人家生活好，还有人家比我差；莫叹自己命运薄，还有他人比我厄……"

随着现代生活节奏的加快，在各种压力不断增加的今天，聪明的处世方式应该为：相对地知足，绝对地追求。知足常乐，其实就是要求人们对当下的生命给予肯定，满足于当下的获得与快乐，心中有了满足感，快乐也就随之而来了。

4.过分执著免不了一场虚空

我们听过无数"不幸"的故事，最常见的模式就是，当事人穿着"受害者"的外衣，无助地讲述着自己的"不幸"，然后，我们就会被带入当时的环境和语言所营造的"悲伤场"，发出

"他真可怜"的感叹。

也许，有些不幸的确让人为之扼腕叹息、义愤填膺。但是，大多时候，当我们脱离了当事人营造的"悲伤场"，就会发现，那些所谓的"不幸"背后，其实是他们自己给自己挖下的陷阱。

在阿尔及利亚地区，有一种猴子会经常跑到山下的农田里偷庄稼。

农民们为了保护庄稼，发明了一种特殊的捕捉猴子的方法：在一个细瓶颈的容器中放些玉米，这些瓶子的瓶颈刚好能让猴子的爪子伸进去，但是，如果猴子手中拿着玉米，拳头攥了起来，那就出不来了。

利用这种方法，山下的农民捕到了许许多多的猴子。每天晚上，他们都要将这些瓶子放进农田里，第二天早晨起来后，就可看到紧握拳头的猴子在那里与瓶子较劲，但它的爪子不管怎么挣扎都出不来，这时，农民就会上去抓住猴子狠狠打一顿，让它不敢再来祸害庄稼。

其实，如果猴子能放下手中的东西，是完全可以逃走的，但它们却不懂松手放下，最终只能被抓。

猴子之所以落得个束手就擒的下场，是因为它们太过执著，不肯放下到手的食物。在生活中，我们不也常像猴子一样吗？过于执著于自己想要的东西，结果给自己造成了更大的损失。其实，很多时候，只要我们舍得放手，很多问题就可以迎刃而解。

人活着，就不可能没有烦恼。孩提时，我们为一个得不到的玩具而烦恼；中年时，我们为前程迷茫烦恼；老年时，我们为生活琐事而烦恼。总之，人活着就少不了与烦恼为伍。那么，为什么有些人能够快乐呢？并非他们天生没有烦恼，而是他们懂得放下心中的苛求，懂得轻松地享受生活。

其实，烦恼与压力都是内生的，是人对客观世界的感觉。人生在世，之所以会烦恼、有压力或情绪不佳，主要是因为我们内心有过多的执念，把太多的东西压在心头。

有一个苦闷的年轻人，感觉生活非常不快乐。一天，他打算去大师那里去寻找快乐的真谛。临出发时，他把与自己有关的东西都装进了一个大包袱里，开始自己的行程。可想而知，这一路他走得很辛苦，等到达大师的住处时，年轻人已经累得气喘吁吁了。

见此情形，大师问道："你包里装了些什么？"

年轻人答道："很多东西，都是与我有关的东西。每次成功时的喜悦，每次跌倒时的泪水，还有每次失意时的落寞，等等。"

见他这样，大师没有再说什么，只是让年轻人跟着自己到一个地方去。

年轻人被大师领到河边，两人乘船过了河。抵达河对岸后,大师对年轻人说:"现在,你把这船也扛上吧!"听了大师的话,年轻人有些摸不着头脑,不明白大师的用意何在,便问道:"现在,我们已经过了河,为什么还要扛着船走呢?"

大师反问道:"你既然知道这个道理,为何还要背着你的包袱前行呢?"听了大师的话,年轻人顿时明白了过来,他终于找到了自己总是快乐不起来的原因。在回家的路上,年轻人把自己的包袱彻底丢掉了,他这才发现,原来人生可以如此轻松自在。

回头想想,你是否也曾像这个年轻人一样,每天为生活烦恼,找不到快乐的理由。人生在世会有许多烦恼,这些烦恼不是别人给予的,而是出自人的内心,因为有太多放不下的东西,比如名誉、财富、利益等。放下是一种解脱,更是一种顿悟,能拿得起放得下的人,才能真正体会到什么是快乐。

5.看开了,人生也就圆满了

世间最大的苦是自己看不开,让自己的心蒙尘受苦。人看开的时候,心灵之门是敞开的,什么都看清了,就不怕了。很多时候,人会有恐惧,就是因为看不清。看开的时候,人的目光会盯着光明的地方，生命处于一种开放的状态并保持旺盛的势头；但若是"一朝被蛇咬，十年怕井绳"，心灵之门一关，就会看不清很多东西，人一看不清，就会产生警备、焦虑的心理，如此，自然无法积极乐观地对待生活。

换一个角度思考问题，完全是两种结局、两种心境。所以，当我们遇到困难与挫折的时候，千万不要钻牛角尖，不妨换个角度思考，劝解自己，看开一些，人生没有过不去的坎儿。

两个渔民因为船只失事而流落到了一个荒岛上。甲渔民一上岸就愁眉苦脸，担心荒岛上没有充饥之物、落脚之处；而乙渔民却为自己将要开始一段新的生活而欢呼。

两个人在荒岛上找到一个洞口，乙渔民为今晚可以睡一个好觉而庆幸，甲渔民却担心洞里是否有怪兽。乙渔民安然入睡，甲渔民辗转难眠，不知道明天怎么度过。

上帝可怜两个渔民，让他们在荒岛上意外发现了一袋粮食。乙渔民高兴得手舞足蹈，而甲渔民却担心怎么把生米煮成熟饭，煮出来的饭是否咽得下。岛上没有淡水喝，他们不得不喝海水。乙说："喝淡水喝惯了，喝喝海水换换口味。"而甲渔民却对自己的遭遇哀怨连连。每吃完一顿饭，乙渔民总是很满足地说："又过了一天。"而甲渔民总是叹气："唉，假如粮食吃完了，该怎么办呢？"

粮食一天一天地减少，终于被他们吃完了。荒岛上还有些野果，他们把野果采摘回来。乙渔民说："运气真好。竟然还有水果吃。"甲渔民哭丧着脸说："从来没有这么倒霉过。上帝不要我活了，竟然要吃这样的野果。"终于，连野果也吃完了，他们再也找不到其他可以吃的东西，只好挨饿。为了保持力气，他们躺在洞里休息。乙渔民说："想不到我竟然什么也不要做还可以睡觉。"甲渔民绝望地说："死亡离我们越来越近了。"

最后一刻，他们都坚持不住了。乙渔民说："终于可以抛开一切烦恼，投奔天国了。"甲渔民说："我还不想下地狱。"乙渔民死了，脸上挂着微笑；甲渔民死了，脸上充满悲伤。

天有不测风云，人有旦夕祸福。当遗憾不可预料地降临在我们身上时，我们没有办法改变既定的事实，但我们可以选择顺其自然地去接受这一切。

一位油漆匠去给一位老太太粉刷墙壁。当他走进门，看到她的丈夫双目失明时，顿时流露出怜悯的目光。可是男主人开朗乐观，每天都和他的妻子有说有笑，还不时地和油漆匠开开小玩笑，油漆匠在这里工作得十分轻松惬意。

一天，油漆匠忍不住问这位男主人为什么如此快乐。男主人笑了笑，说："为什么不快乐呢？我在一次事故中失明，虽然我再也看不见阳光和鲜花，但我能感受到阳光的普照，闻到鲜花的芬芳。我还有一个健康的身体，最重要的是，我的妻子不离不弃，对我的爱一如既往。比起那些瘫痪不能自如走动、没有温馨家庭的人，我已经很幸运了，有什么理由不快乐呢？"他的话让油漆匠很受感动。

一周后，墙壁粉刷完工，油漆匠取出账单，老太太发现比原来谈妥的价钱少了很多。她问油漆匠："怎么少算这么多？"油漆匠回答说："我跟你先生在一起觉得很快乐，他对人生的态度使我觉得自己的境况还不算最坏。所以减去的那一部分，算是我对他表示的一点谢意，因为他使我不再把工作看得太苦！"

面对苦难，是保持心灵的那份平静，还是被不安与烦躁的情绪所笼罩，一切都源于我们自己。只要我们不做无谓的抱怨，不自己吓自己，不斤斤计较乱生气，就能享受生命的快乐。

好奇与利益会使一个人看不到眼前的美好，而去奢求曾经错过的东西。我们常说："失去了才懂得珍惜。"为何不把平常的错过看得淡一些呢？如果让你选择大海与小河，你会如何选择？也许你会选择波澜壮阔的大海，这意味着你会错过有无数淡水、静谧安详的小河。但你无须悔恨，每条路都会有各自美妙的结果。

人生路上，我们无数次被自己的决定或碰到的逆境击倒、欺凌甚至碾得粉身碎骨。但无论发生什么或将要发生什么，我们永远不会丧失价值。所以，创伤是一种历练，而不是惩罚。不要因为自己遭受的挫折、创伤而贬低、否定、惩罚自己，而应该重新整理心情和人生，带着这种创伤留下的疼痛和成熟继续上路。

错过了爱情，我们学会了爱；错过了成功，我们学会了拼搏。因为错过，我们学会了珍惜；因为遗憾，我们学会了抓住机遇，每一种创伤都是一种成熟。

很多人觉得，自己不能得到自己想要的东西，人生就无法圆满。其实，即便万事不遂你愿，你也能拥有另一种圆满。没有分离的思念，怎么能领略相聚的幸福？没有经历过被出卖的痛苦，怎会领略忠诚的可贵？没有品尝过失败无奈的滋味，又怎能体会成功的喜悦？没有遭遇病魔的袭击，怎能体会健康对人的重要？在纷纷扰扰人世间，能够拥有，能够相聚，彼此忠诚，长相厮守，这不正是一种圆满吗？

6.忘记该忘记的，跟快乐做个伴

心理学家说过，人不但要学会记忆，还要学会遗忘。因为记忆是一把双刃剑：对心胸宽阔的人来说是最好的礼物，对心胸狭窄的人来说则是对自己的折磨。因为豁达的人记住的是别人的美好和善举，而狭隘的人只会拿曾经的痛苦往事折磨自己。

谭恩美是美籍华裔女作家，她的作品生动感人，温婉的语言每每触及读者的灵魂。可是，没有人相信，在谭恩美16岁的时候，她曾用充满仇恨的话语喊道："我恨你！我恨不得自己死掉……"而站在她面前的是她的母亲。

在谭恩美的记忆中，少年时与母亲的争吵似乎一直在持续着，每次争吵之后，母亲都会露出一个近乎疯狂的扭曲微笑，然后在喘息中大声嚷道："好啊！我也许是该死掉，这样我就不用当你妈妈了！"然后在接下来的日子里，母女陷入冷战中，冷战结束后，依然是争吵。

最让少年谭恩美受不了的是母亲经常在别人面前批评、羞辱她，禁止她做某些事情，哪怕谭恩美有充足的理由。母亲不要理由，只会批评，这让谭恩美暗自发誓：永远不要忘记这些委屈，要让自己的心硬起来，像母亲那样！

30年后，谭恩美意外地接到了母亲的一通电话，这让她惊讶万分，因为母亲患上老年痴呆症已经3年多了，她忘记了许多人、许多事，甚至无法讲出连贯的话语。

但话筒那边确实是母亲焦急的声音："恩美！我的脑子出问题了！"恩美屏住了呼吸。

"我觉得很多事我都记不得了，昨天我做了什么？对你做了什么？我不记得很久以前到底发生过什么事……"母亲说话的时候好像一个溺水的人，挣扎着，却发现自己越陷越深。

"你不要担心!"恩美终于说话了。

"不!我知道我做过一些伤害你的事情!"母亲狂乱地叫了起来。

谭恩美马上回答:"你没有,真的,别担心。"

"我真的想不起来了!但我知道,我做过一些可怕的事情……我只想告诉你……我希望你能像我一样把它忘掉。"

"真的没有,别担心。"谭恩美只能重复这几个字,因为她哽咽着,她不想让母亲听出来。

"真的吗?"母亲平静了一些,"好吧,我只是想让你知道。"

挂上电话,谭恩美大声哭了出来,既伤心,又幸福。

6个月后,母亲故去了。她及时把最能抚慰人的话留给了女儿,好似拨开云雾后那开阔、湛蓝的天空。"遗忘掉仇恨和痛苦,铭记住亲情与关怀,这才是人生最重要的。"谭恩美在母亲的葬礼上如是说。

可见,忘记是对痛苦的一种解脱,是对伤害的一种抚慰,是对自我的一种释放。有人说人心如杯,不倒去旧水,就无法盛装新水。生活也是如此,如果不愿意舍弃过去,忘记曾经的痛苦,就无法让心灵成为一个空杯,无法承载新的生活。很多时候,生活不再精彩,不是因为生活反复无常,而是因为人们的背负太重。

20世纪,美国建筑大王凯迪的女儿和飞机大王克拉奇的儿子，在两家父母的撮合下结了婚。但两个人的相处并不和睦，总是磕磕绊绊，争吵时有发生。两家人都是社会上的名流巨富，儿女们的这种关系让他们大伤脑筋。他们甚至担心，会不会发生什么不测。

谁想，担心什么就有什么，令他们震惊的事还是发生了，凯迪的女儿惨遭杀害，警方搜集来的各项证据都指向克拉奇的儿子。克拉奇的儿子因此入狱，两家人的身心都受到了沉重的打击。

但是，克拉奇的儿子却拒不承认自己的罪行，这使凯迪一家非常气愤。而克拉奇一家也在拼命为儿子奔走上诉。如此一来，两家人便结下了深仇大恨。

一年以后，法院做出终审，小克拉奇投毒谋杀的罪名成立，被判终身监禁。克拉奇为了不让儿子老死在狱中，千方百计地对凯迪一家做出补偿，只求凯迪一家能在法庭上为自己的儿子求情。克拉奇每一次的补偿都巧妙地出现在生意场上，这使得凯迪不得不被动接受。

而凯迪每得到克拉奇家族的一笔补偿，就像是接过一把刺向自己内心的刀，悲痛难言。凯迪埋怨自己，也埋怨女儿当初怎么就看错了人。而克拉奇一家更是年年月月天天活在自责和愧疚中。

两家人都是美国企业界的辉煌人物，然而生活却如此捉弄他们，让他们不得安生。一年又一年，两家人的心情被巨大的阴影所笼罩，从来没有真正地笑过。他们承认，这些年为此所付出的心理代价是用任何金钱也换不来的。

然而,苦苦承受了20多年的痛苦后,最终的事实证明,凯迪女儿的死与克拉奇的儿子无关。事情引发了美国媒体的巨大轰动,面对报社的采访,凯迪与克拉奇两家都说了同样的话:"20年来,我们付不起的是我们已经付出的又无法弥补的心态。"

在人生的旅途中,要学会把那些伤心事、烦心事、累心事抛之脑后,让心中曾经不快乐的遗憾消失殆尽,只有如此,快乐才能伴你左右。

7.得失随缘,心无增减

人生在世,有得必有失,这是人们共知的道理。但现实生活中,却有人想不明白这一点,只要涉及个人利益得失,总少不了要去争、要去斗,要从争斗中得到更多。殊不知,这种做法只会给人带来更多莫名其妙的烦恼、难以言状的痛苦以及排解不掉的忧愁。

人无完人,事无完美,得失常有,而开心却不常有。每一种事情不管是"开花"还是"枯萎",都有它的道理,如果你为了"常在的失去"而影响了自己的心情，那就得不偿失了。

有一天，许宁与自己多年的好友一起喝酒，见好友郁郁寡欢，愁绪万千之状，许宁急忙询问其中原因。原来，这位朋友已经到了退休年龄，马上就要离任了。

见朋友满腔哀怨，许宁劝他："解甲归田，是好事情呀！离任了，你就不必再去应付酒桌上的事情，不用再因为人情而伤肝损胃，也不必再去注意别人的脸色。有了激流勇退，多了让贤美名，岂不两全其美？"

看到好友愁眉渐疏，许宁进一步说："我有一个朋友，他的父亲曾身处高位。退休当天，他便回到家中吃饭，看着饭桌上的青菜、萝卜、豆腐，由衷地发出了一声'解脱了'的感叹。老人退位后，虽然没有了昔日的荣光，却有属于他自己真正喜爱的书法、《易经》、圆口平底布鞋。近日得见，老人虽已近80岁高龄，却端坐在电脑桌前，只听键盘'嘀嘀嗒嗒'声响不断。与老人比，你不应该再豁达一些吗？"

许宁的话让朋友哑然失笑。许宁继续道："人生真如草木春秋，何苦要身心疲惫一世呢？太阳永远都是东升西落，长江后浪推前浪是必然的自然规律。年龄大了，还有'用青春赌明天'的本钱吗？"

过了许久，朋友才重新说话。他一把握住许宁的手，激动地说："谢谢你！要不是你，我现在还在纠结，还是不能学会放弃！"临行前，他又要了一瓶"舍得"酒，并天真地说："这酒名曰'舍得'，看来，我是应该好好品品它了！"说完，便豪爽地笑了起来。

生活有时就是这么残酷，它会逼迫你交出权力、放走机遇，甚至让你失去爱情、亲情。而这都是自然规律，既然无法回避，不妨学着接受。

在一条老街上，住着一位老人。老人年轻的时候绣了大量工艺品，如今，她把刺绣品拿出来卖，东西摆在门前，她从不吆喝，也从不还价，晚上也不收摊。她的生意没有好坏之说，每天的收入正好够她喝茶和吃饭。她老了，也不需要多余的东西，她过得很满足。

有一天，老人在门前喝茶，一个做古董生意的商人看到了她身旁的那把紫砂壶。紫砂壶古朴雅致，紫黑如墨，有清代制壶名家戴振公的风格。商人走了过去，顺手端起那把壶，他看到壶嘴内有一记印章，果然是戴振公。商人惊喜不已，他想以10万元的价格买下它。当他说出这个数字时，老人先是一惊，然后就拒绝了，因为这把壶是她早逝的丈夫留下的唯一的东西。

虽然老人没有把壶卖给商人，但她心里却难以平静。那天晚上，老人平生第一次失眠了。一把普通的壶，突然间成了价值10万元的宝贝，她想不明白。过去，她总是把壶放在身边，闭着眼睛躺在摇椅上养神，可现在，她却总是不时地看一眼紫砂壶。更让她感到不舒服的是，周围的人知道她有一把价值连城的茶壶之后，蜂拥而至，有人向她借钱，有人询问她还有没有其他宝物。老人的生活被彻底打乱了，她不知道该如何处置这把紫砂壶。就在她感到纠结的时候，商人带着20万元现金再一次登门。老人再也坐不住了，她叫来周围的人，当众摔碎了紫砂壶。

此后，老人又可以躺在门前的摇椅上养神，安享晚年了。

老人的安之若素、沉默从容，体现了她的涵养与理智，更给予了她幸福而绵长的人生。

人生在世，得失随时随地都存在，而快乐的心情却唯有自己才能给予。所以，做人要学会自己调整自己。

有一位留学生在纽约华尔街附近的一间餐馆打工。一天，他雄心勃勃地对着餐馆大厨说："你等着看吧，我总有一天会在华尔街谋得一席之地。"

大厨好奇地问道："年轻人，你毕业后有什么打算呢？"

留学生想都没想，就说道："我希望学业完成后，能够马上进入一流的跨国企业工作，不但收入丰厚，而且前途无量。"

大厨摇摇头，说："我不是问你的前途，我是问你将来的工作兴趣和人生兴趣。"

留学生一时无语，显然，他不太懂大厨的意思。

大厨却长叹道："如果经济继续低迷下去，餐馆不景气，那我就只好去做银行家了。"

留学生惊得目瞪口呆,几乎疑心自己的耳朵出了毛病,眼前这个一身油烟味的厨子怎么会跟银行家沾上边呢?

大厨对呆立的留学生解释:"我以前就在华尔街的一家银行上班,天天披星戴月、早出晚归,没有半点自己的业余生活。我一直都很喜欢烹饪,家人朋友也都很赞赏我的厨艺,每次看到他们津津有味地品尝我烧的菜,我就高兴得不得了。有一天,我在写字楼里忙到凌晨1点才结束一天的工作,当我啃着令人生厌的汉堡包充饥时,我下定决心要辞职,摆脱这种工作机器般的刻板生活,选择我热爱的烹饪为职业。现在,我生活得比以前要愉快百倍。"

世间的得失都有其一定的道理,只要自己努力过了,就不必再为失去而影响自己的心情。

人生在世,得失是人之常理,也是自然规律,我们不必为之而耿耿于怀。要知道,有失就必有得,你失去了权位和利益,却能得到平静、快乐的生活。失去不可挽回,但开心却是自己可以去把握的。因此,面对功名利禄方面的得失,我们应该坦然一些、豁达一些,毕竟,快乐才是人生的真谛。

8.美好的秘诀：不计较

生活中，一些人总将别人的缺点看得一清二楚，为一些小事斤斤计较，并为此严厉地批评指责别人。其实，为人处世，不应用太过苛刻的标准去要求别人，也不应过于计较一些小事。只有懂得尊重他人、肯理解、容纳他人缺点的人，才会受到别人的欢迎。而对人吹毛求疵、对任何事情都斤斤计较的人，众人只会对他敬而远之。

成功学大师卡耐基年轻的时候曾经历过这样一件事。

一次，他参加了一个隆重的宴会，宴会上，坐在他右边的一位先生讲了一个幽默的故事，并引用了一段话，意思是说"谋事在人，成事在天"。

那位健谈的先生说他所引用的这句话出自《圣经》，而卡耐基很肯定地知道这段话并不出自《圣经》，而是出自莎士比亚的《哈姆雷特》。于是，卡耐基连忙站起来纠正他。没想到，那位先生立即予以回击，反唇相讥道："什么？出自莎士比亚？不可能，绝对不可能，那句话绝对出自《圣经》！"

卡耐基一时语塞，立刻想到了一个绝佳的求证者，那就是他的老朋友法兰克，他研读莎士比亚的作品已经很多年了。于是，他拉了一下朋友，想向他求证，可没想到法兰克不但没有起身,反而在桌下踢了他一脚。接着,法兰克一本正经地对卡耐基说:"朋友,你错了,这位先生才是对的,这句话的确出自《圣经》。"

那天晚上宴会结束后,卡耐基拽住了法兰克说:"法兰克,你明知道那句话是出自莎士比亚的⋯⋯"

还没等卡耐基说完,法兰克就抢先说道:"《哈姆雷特》第五幕第二场。可是亲爱的朋友,别忘了我们是宴会上的客人,为什么要证明他错了呢?你以为他会谦虚地接受吗?为什么不给他点面子呢?他并没有征询你的意见,你应该避免跟别人针锋相对。"

从那时起,卡耐基明白了,自己险些因为一点小事而破坏宴会的气氛,若是因此而得罪一些重要人物,那就太得不偿失了。他后来牢牢记住了法兰克对自己说的话:"真正赢得优势、取得胜利的方法绝不是这种争论和计较,这样有时能获得优越感,但却永远得不到别人的好感!"

的确,许多人缺乏的并不是掌握真理的多少,而是与他人谈论真理时的态度。当我们犯这种错误时,最好在心中衡量一下:我们是宁愿争一时之胜利,还是要别人对自己的好感?

然而,在生活中,凡事能够不计较的人少之又少。有些人把金钱、名利、权位这些物质的东西看得太重,凡事都喜欢计较,时刻算计着是你得到的多还是我得到的多。这样斤斤计较的结果就是不仅和自己过不去，还和别人过不去，既激化了矛盾，又弄僵了人与人之间的关系，失去了做人的乐趣。

雅雯和男朋友准备结婚，于是决定买一套婚房。跑遍了城市的各大楼盘，他们终于选定了一套总价120万的现房。房价水平虽远高于两人的工资水平，但男友说了，他负责首付，雅雯负责装修和电器家具。男友的家庭条件还不错，家里给他留了一套二手房，不久前刚卖，就是为了买婚房时付首付，那套房听说卖了60万。

选好了房回家，雅雯十分高兴，想着终于能跟相恋6年的男友拥有自己的房子了，这是每天做梦都盼望的好事。在办理买房手续的那一天，男友准点到达，身后还跟着他的爸爸妈妈。雅雯以为公婆担心他们办不好手续，前来帮忙，于是满脸笑容地迎了上去，婆婆亲热地挽着雅雯的手，他们一起走向服务台。

办理手续时，工作人员问："房子写谁的名字？"

原本有说有笑的四个人突然安静了下来，雅雯没说话是因为她早算准了房子要写两个人的名字，要不怎么是婚房呢？可男友却为难地看着他爸妈，售楼大厅里陷入了一阵尴尬的沉默中

男友将雅雯拉到一边，低声告诉一头雾水的雅雯，原来男友父母希望房子只写男友一个人的名字，家里为了减轻雅雯和男友的还贷负担，老两口竭尽所能凑了80万，这已经是

老两口的全部家当了，所以，他们希望能写男友的名字落个安心，以免将来出什么差错。

听男友这么一说，雅雯就明白了，可雅雯不明白的是，房子一到手，她就得出钱装修，买电器、家具，也是一笔不小的开支，这怎么算呢？而且，两人结婚了，房贷肯定是两人一起负担，虽说80万不少，可这余下的40万也不是个小数目。想到这里，雅雯有一种不被信任的感觉。

结果可想而知，房子的手续当天没有办下来，雅雯父母在得知这件事后也觉得非常生气，心想：我们把女儿嫁给你们了，你们还这样计较，真是小心眼。双方为了这件事见了好几次面。雅雯父母提出：如果房子只写男友的名字，那房子后期的装修和其他一切开销都由男方承担，而男友父母却觉得装修最多也就花个20万，比起自己掏的80万少太多了，如果一定要写两个人的名字，那雅雯家也应该拿出80万来。

就这样在来回争执中，雅雯伤心欲绝，他和男友之间的沟通越来越少，说不上三句话，话题就转到了房子的问题上，吵架的次数越来越多。后来，两个人不堪重负，选择了分手。

一段6年的感情最终因为房子的问题搁浅，这不能不说是个悲剧。问题的根源出在哪里呢？就是因为双方太过于计较了，尤其是男方的父母，把金钱看得太重，这样斤斤计较的结果只能是亲手毁掉了小两口的幸福生活。

凡事不要斤斤计较，留三分余地给别人，其实就是留三分余地给自己。生活不是单纯的取与舍，也不是单纯的得与失。为了名，为了利，为了一时之气，白白让自己身心负累，实在不值得。快乐生活的秘诀是不计较，该是你的，还是你的；不是你的，依靠计较得到，最终也会失去。

9.降低标准，幸福其实很简单

幸福其实很简单，构成它的要素，不是宏大的愿望，也不是纷繁的生活，而是每天发生在生活中的一些小事。天下本没有持久的幸福，如果说幸福也有一定的形状，那它绝对不会是一根玻璃棒，而是一条珠链，由大大小小的瞬间的快乐连接而成——每一颗珠子都很简单，但也很重要。

降低幸福的标准，人们就会发现，幸福不是完美或永恒，它只是内心对生命流转的感受和领悟；幸福很简单，它不仅留存于他人给自己的关爱与恩惠中，同样也积存在自己的爱心与真诚里；幸福很简单，简单得也许它就在我们身边，而我们却没有察觉。

上帝派天使甲和天使乙在人间巡游，两位天使看到了这样有趣的一幕：

一个衣衫褴褛的乞丐看到一个男孩左手拿着面包,右手拿着牛奶,边走边吃。乞丐摸了摸饥肠辘辘的肚皮,咽下一团又一团口水,羡慕地自言自语:"哎,能吃饱饭,真幸福呀!"

那位小男孩刚走了几步,就看到一个小女孩坐在爸爸的摩托车后座上来到了肯德基,买了一个大号的外带全家桶,同时开心地啃着汉堡、吸着可乐。这时,小男孩看了看自己手中的面包和牛奶,羡慕地自言自语:"唉!能吃这么多美味,真幸福呀!"

啃着汉堡包的小女孩坐在爸爸的摩托车后座上,忽然看到一辆漂亮的黑色小轿车从身旁驶过。小女孩想:"能开这么漂亮的车子,真幸福呀!"

而小轿车里坐着的却是一个逃犯,他正在逃避警察的追捕,可他终究还是被警方逮到了。坐在警灯闪烁的警车里,他透过车窗看到一个乞丐在路上漫无目的地走着,于是羡慕地朝乞丐喊了一声:"唉,可以自由自在不受束缚,多幸福呀!"

乞丐听到那人的话,心里一下高兴了起来。原来,自己也是幸福的,以前怎么没有发现呢?想到这里,他手舞足蹈地唱起了歌。

两位天使回去后,向上帝汇报了在人间见到的一切,并述说了心中的困惑:"为什么乞丐也是幸福的呢?"

上帝微笑着说:"人生来就拥有活得幸福的权利,只是一些人没有去主动发现幸福。但不管怎么说,简单,最容易获得幸福。"

　　要得到幸福与快乐，其实很简单。少一些欲望与杂念，多一份淡泊与从容，人生就会变得亮丽起来。

　　一个神情沮丧的小伙子在公园里的靠椅上目光呆滞地看着一群老年人慢悠悠地打太极拳。小伙子感叹道："唉，现在的老人多幸福啊！"

　　坐在他旁边的正是一个头发雪白的老者。老者听到年轻人的感慨便问道："年轻人，你难道不幸福吗？"

　　小伙愁眉苦脸地说："别提了，我的生活简直一团糟。今天在公司竞争一个经理的职位，我落败了；家里的房子还是十年前的老窝，原本想这次竞选成功便可以去购置一套大房子，现在只能望楼兴叹；最糟糕的是，我每天都为了这个家努力拼搏，但我的妻子却一点都不理解我的苦心，老是因为我不能回家吃饭而和我吵架。我简直烦透了！"

　　老者微笑着问道："那你认为怎么样才能幸福快乐呢？"

　　小伙子眼神里充满了憧憬，他指着远处一座高楼说："要是能够搬进那栋大厦，我就心满意足了。"

　　老者摇摇头，很淡然地说道："这个愿望我没有能力帮你实现，但我有办法能让你感到快乐幸福，你愿意尝试吗？"

　　小伙子用质疑的目光打量着老者说："你真的有办法吗？"

　　老者说："你现在去花店买一束鲜花，然后回家吃饭。"

　　小伙子说："就这样吗？"

老者轻轻地点点头,起身说道:"就看你愿不愿意尝试了。"说完便转身离去。

小伙子目送着老者远去的身影,心想着:这叫什么办法,我还以为他会教我一套赚大钱的秘籍呢。于是,他闷闷不乐地离开了公园。天色渐渐暗淡,小伙子在回家的路上经过一家花店,他虽然不太相信老者的话,却鬼使神差地走了进去,随便选了一束雪白的百合花回家了。

回到家里,妻子看见他捧着一束百合,很兴奋地说:"这是送给我的吗?"小伙子点点头。妻子开心地在他脸颊吻了一下说:"我去做饭。"饭菜很快做好了,夫妻俩静静地坐着吃饭。妻子不时地闻闻百合的香味,脸上洋溢着甜蜜的微笑。小伙子突然觉得有些内疚,便说:"对不起,我当经理的事泡汤了,我们住不了大房子。"妻子却说:"住在这里不好吗?只要你能经常回家陪我吃饭就够了。"小伙子顿时觉得心头暖暖的,嘴角露出了自然的微笑。他这才意识到,原来自己已经很幸福了。

第二天,他想去感谢那位老者,等了很久却迟迟未见其到来。他去问旁边打太极的老头,老头说:"哦,你说的是他啊。他昨天晚上就去世了,但走得很安详。"

幸福,不是任何物质所能取代的。它只是一种感觉,一种让我们快乐、温暖、感动的感觉。幸福的感受与物质上的满足并没有必然的关系,有时候只在于一念之间。如果你只为心中的欲望不能实现而烦恼不堪，如果老人总是感叹将不久于人世而心灰意冷，又怎么去体会当下的幸福呢？

生活简单就是幸福，并不是说我们要放弃对目标的追逐，而是说，在忙碌中的停歇是身心的恢复和调整，是下一步冲刺的前奏，是以饱满的热情和旺盛的精力去投入新的"战斗"的一个"驿站"；生活简单就是幸福，并不意味着我们放弃了对生活的热爱，而是让我们于点点滴滴中去积累人生，在平平淡淡中去寻求充实和快乐。

第八章

破除欲望之茧，
方成轻舞之蝶

1.适可而止，过犹不及

名利当前，少有人能无欲无求。然而，谋求利益一定要适可而止，学会把持自己，当退则退，见好就收。嗅着利益的气味闷头前进，想得到比别人更多的东西，这样的人最后往往会输得血本无归。那些活得既自在又幸福的人，他们既不贪图又不奢侈，只求丰衣足食，所以他们活得自在潇洒，既不"累"，也没有那么多烦恼和压力。

几个年轻人一同外出度假，在海边，他们看到了一栋5层的小旅馆，便决定在这家旅馆过夜。

旅馆的门童向他们解释道："我们一共有5层楼，你们可以一层一层地走上去，只要觉得某一层的设施令你们满意，你们就可以停留下来。为了帮你们做出决定，我们在每一层楼都立了块告示牌，上面写明了这一层都有些什么。但要记住，一旦决定住某一层，就不能再反悔。"

年轻人听明白这规则后，都很感兴趣，他们走进了旅馆。

在第一层楼，他们看到告示牌上写着："这里的房间床板都很硬，地毯也是旧的，而且没有上门早餐的服务。"看了这个，年轻人哄笑起来，他们毫不迟疑地向楼上走去。

第二层的告示牌上写着："这里的房间还好，床板不太硬，地毯半新，但没有上门早餐服务。"这个当然也没能留住几个年轻人的脚步。

他们行进到第三层楼，告示牌上写的是："这里的房间很舒适，床很软，而且还有上门早餐服务，唯一不足的是地毯有些旧。"

这个看起来不错，年轻人讨论着，可是上面还有两层楼，所以，他们还是放弃了。

到了第四层，这一层的告示牌上所述的住宿条件几乎完美："这里不仅房间舒适，而且所有用品都是新的，并且，明早会有上门早餐服务，我们还会送您水果。"

看到这个，几个年轻人都非常感兴趣。他们商量了一会儿，结果却没有达成一致，因为有人还想到第五层看看。

最终，他们来到了第五层，然后，他们都傻眼了，这一层空荡荡的，连一个房间也没有，告示牌上写着一行字："这里没有房间，更不用说一个舒适的夜晚。设置这一层楼的目的只是为了玩笑，但遗憾的是，您是又一个被玩笑捉弄的人。"

中国的禅宗有一种大智慧，认为人的物欲妨碍了人对生命本来快乐的享受，将人引向了歧途，使人变成了苦役犯。因而，它主张驱除欲望，体味真的生活。禅诗云："春有百花秋有月，夏有凉风冬有雪，若无闲事挂心头，便是人间好时节。"

当年，孔子夸奖他的学生颜回，说："一箪食，一瓢饮，在陋巷，人不堪其忧，回也不改其乐。"这是说生命本来的喜悦绝不是贫困所能剥夺的。只要你在幸福来到时适时止步，幸福就会留在你身边。

适可而止的意思是凡事不要太过，过犹不及，不能贪得无厌。如同少许的盐可以使菜味道鲜美，但过咸就会觉得苦；少许的糖可以感觉到甜蜜，过甜就会腻。平衡是宇宙之法，任何事物都不能太过，太过就会滑向反面。

从前，德国有一位很有才华的年轻诗人，写了许多吟风咏月、写景抒情的诗篇。可他却很苦恼，因为人们都不喜欢读他的诗。这到底是怎么一回事呢？难道是自己的诗写得不好吗？不，这不可能！年轻的诗人从不怀疑自己在这方面的才能。于是，他去向父亲的朋友———一位老钟表匠请教。

老钟表匠听了他的疑问后，一句话也没说，只是把他领到一间小屋里，里面陈列着各色各样的名贵钟表。这些钟表，诗人从来没有见过，有的外形像飞禽走兽，有的会发出鸟叫声，有的能奏出美妙的音乐……老人从柜子里拿出一个小盒，把它打开，取出了一只样式特别精美的金壳怀表。这只怀表不仅样式精美，更奇异的是，它能清楚地显示出星象的运行、大海的潮汛，还能准确地标明月份和日期。这简直是一只"魔表"，诗人爱不释手。他很想买下这个"宝贝"，就开口问表的价钱。老人微笑了一下，只要求用这"宝贝"，换下青年手上那只普普通通的表。

诗人非常喜欢这块表，吃饭、走路、睡觉都戴着它。可是，过了一段时间之后，他便渐渐对这块表不满意起来。最后，他竟跑到老钟表匠那儿要求换回自己原来那块普通的手表。老钟表匠故作惊奇，问他对这样珍奇的怀表还有什么感到不满意。青年诗人遗憾地说："它不会指示时间，可表本来就是用来指示时间的。我带着它不知道时间，要它还有什么用处呢？有谁会来问我大海的潮汛和星象的运行呢？这表对我实在没有什么实际用处。"

老钟表匠微微一笑，把表往桌上一放，拿起了这位青年诗人的诗集，意味深长地说："年轻的朋友，让我们努力干好各自的事业吧。你应该记住：怎样给人们带来用处。"

诗人这时才恍然大悟，明白了这句话的深刻含义。

名利财物，声色犬马，纸醉金迷，古往今来多少人为此心迷神醉，永无止境地追逐，结果往往是身体精神两头受累。其实，名利对任何人来讲都是一种心理上的慰藉，它很少被用到，只是对自我价值的一种评定，是一个人为自己挣得身价的筹码而已。但是，没有名利的人常常会对自己的价值产生怀疑，进而对自己在世上的价值失去信心。为此，很多人不惜终身求名索利，最终使名利的绳索变成了自己人生的绞索，断送了所有的快乐与欢笑。

常言道：乐极生悲，物极必反。任何事情都有度，如果把握不当，就有可能走向反面。在春风得意之时，更需要保持清醒的头脑，适可而止。

2.人生最大的苦恼不是拥有太少，而是欲望太多

俗语云："欲壑难填，做了皇帝想神仙。"欲之不剪就会使心如洪水猛兽，出手就穷凶极恶，显身就面目狰狞。所以，只能用智慧之剪去修剪欲望，才可保一世平安。

叔本华说："欲望过于剧烈和强烈，就不再仅仅是对自己存在的肯定，相反会进而否定或取消别人的生存。"用"上帝的命定"或"天理"来取消或压制别人的欲望是不合理的，但过度推崇与放纵欲望也是愚蠢的。欲望不是纯粹的、绝对的东西，它需要理智的调控与节制，它也绝不可能像有人声称的那样是文明发展的唯一动力。

"人欲"是一切人类活动的起始，把握这个主宰一切的本源，将会获得无穷无尽的能量。人是欲望的产物，生命是欲望的延续。然而，欲望的有效性与必要性是有限度的，满足不是绝对的，总有新的欲望会无休止地产生。欲望这种不知餍足的特性决定了欲望的过度释放会产生破坏的力量。

　　有个老魔鬼看到人们的生活过得太幸福,就说:"我们要去扰乱一下,要不然,魔鬼就不存在了。"

　　他先派了一个小魔鬼去扰乱一个农夫。那农夫每天辛勤地工作,可所得却少得可怜,但他还是那么快乐,非常知足。

　　为了把农夫变坏,小魔鬼把农夫的土地变得很硬,让农夫知难而退。农夫对着田地敲打了半天,做得很辛苦,但他只是休息了一下,便继续敲,没有一点抱怨。小魔鬼看到计策失败,只好摸摸鼻子回去了。

　　老魔鬼又派了第二个去。第二个小魔鬼想,既然让他更加辛苦没有用,那就拿走他所拥有的东西吧!说干就干,那小魔鬼把农夫当作午餐的馒头和水偷走了。他想,农夫做得那么辛苦,又累又饿,却连馒头和水都不见了,这下他一定会暴跳如雷!

　　农夫又渴又饿地到树下休息,发现馒头和水都不见了,但他并没有如小魔鬼想得那样发怒,而是说:"不晓得是哪个可怜的人比我更需要那些馒头和水?如果这些东西能解决他的问题,那就好了。"小魔鬼只好又掉头而逃。

　　老魔鬼觉得奇怪,难道没有任何办法使这农夫变坏?这时,第三个小魔鬼站出来说:"我有办法一定能把他变坏。"

　　小魔鬼先去跟农夫套近乎,很快,两人便成为了朋友。小魔鬼有预知能力,他告诉农夫,明年会有干旱,教农夫把稻种在湿地上,农夫一一照做。结果,第二年别人没有收成,只有农夫喜获丰收,他也因此变得富裕了。

之后,小魔鬼每年都会对农夫说当年适合种什么,3年下来,农夫变得越来越富有。他又教农夫把米拿来酿酒贩卖,赚取更多的钱。慢慢地,农夫不用再种地,只靠着贩卖的方式就能获得大量金钱。

有一天,老魔鬼来了,小魔鬼就告诉老魔鬼说:"我现在要展现我的成果,这农夫现在已经有猪的血液了。"只见,农夫办了个晚宴,所有富有的人都来参加了,他们喝最好的酒,吃最精美的餐点,还有好多的仆人伺候。他们对食物丝毫不加珍惜,衣裳零乱,醉得不省人事,开始变得像猪一样痴呆愚蠢。

"您还会看到他身上有着狼的血液。"小魔鬼又说。这时,一个仆人端着葡萄酒出来,不小心跌了一跤。农夫就开始骂他:"你做事这么不小心!""哎!主人,我们到现在都没有吃饭,饿得浑身无力。""事情没有做完,你们怎么可以吃饭!"农夫恶狠狠地说。

老魔鬼见了,高兴地对小魔鬼说:"你太了不起了! 你是怎么办到的?"

小魔鬼说:"我只不过是让他拥有的比他需要的更多而已,这样就可以引发他人性中的贪婪。"

伊索说过:"许多人想得到更多的东西,却把现在拥有的也失去了。"这可以说是对得不偿失的最好诠释。人生太多的沮丧都是因为得不到想要的东西。其实，我们辛辛苦苦地奔波忙碌，最终的结局不都是只剩下埋葬我们身体的那点土地吗？

欲望是无止境的，我们有太多的需求，面对着太多的诱惑。然而，在我们满足欲望的同时，也会相对地迷失自己，并产生一种错觉，认为财富和地位代表一切。这样，当一切失去的时候，我们的精神就会惊慌失措、无依无靠。

托尔斯泰曾经说过：欲望越小，人生就越幸福。人生最大的苦恼，不在于自己拥有得太少，而在于自己欲望太多。欲望本身不是坏事，但欲望太多，而自己的能力又达不到，就会构成长久的失望与不满。很多人就是过多地考虑利害得失，结果总是跟在欲望后面跑来跑去，两手空空地走完了自己的一生。

因此，不管做什么，都要适可而止，把握有度。能力所不及的事，不要过于强求自己。只有放弃那些无止境的沉重的欲望，才不会给自己徒增烦恼与压力，才能轻松地享受生活，稳步取得成功。

3.放下贪欲，生活就会轻松

贪婪就好像一朵艳丽的花朵，美得惑人心神，使人们忘了提防。

一天傍晚，两个非常要好的朋友在林中散步。这时，一位僧人从林中惊慌失措地跑了出来，两人见状，便拉住那个僧人问道："你为什么如此惊慌？到底发生了什么事情？"

僧人忐忑不安地说："我正在移植一棵小树，忽然发现了一坛黄金。"

两个人感到好笑："这僧人真蠢，挖出了黄金还被吓得魂不附体，真是太好笑了。"然后，他们问道："你是在哪里发现的？告诉我们吧，我们不害怕。"

僧人说："还是不要去了，这东西会吃人的。"

两个人异口同声地说："我们不怕，你就告诉我们黄金在哪里吧。"

僧人告诉了他们埋藏黄金的地点。两个人跑进树林，果然在那个地方找到了黄金。

其中一个人说："我们要是现在把黄金运回去，不太安全，还是等天黑再往回运吧。这样吧，现在我留在这里看着，你先回去拿点饭菜来，我们在这里吃完饭，等半夜时再把黄金运回去。"

于是，另一个人就回去取饭菜了。

留下的这个人心想："要是这些黄金都归我，那该多好呀！等他回来，我就一棒子把他打死，如此，这些黄金不就都归我了吗？"

回去的那个人也在想："我回去先吃饭，然后在他的饭里下些毒药。他一死，黄金不就都归我了吗？"

回去的人提着饭菜刚进入树林，就被另一个人从背后用木棒狠狠地打了一下，当场毙命。然后，那个人拿起饭菜，狼吞虎咽地吃了起来。没过多久，他的肚子里就像火烧一样疼，他这才明白自己中毒了。临死前，他心里暗想：僧人的话真的应验了，我当初怎么就不明白呢？

现实中，像故事中的那两人一样，因为贪婪而断送自己幸福的人，数不胜数。

欲望就像一条锁链，一个牵着一个，永远不能满足。贪欲会把人带向罪恶的深渊，让人失去理智。人的内心一旦被贪欲所吞噬，那他必将被其毒害。

传说，很久以前，一位村夫看到了一条冻僵的龙蛇。村夫把蛇救活，并将其放进了后山的一个山洞里。因为蛇的到来，山洞口长出了灵芝和一些奇花异草。但人们知道山洞里有龙蛇，谁也不敢去采这些东西。皇上听说了这事，就下旨说，谁能采来灵芝，必有重赏。村夫很清贫，他想：要是自己能得到这笔奖赏，一定会过得很幸福。于是，他就去恳求龙蛇。龙蛇为了感谢他的救命之恩，便让他采了灵芝送进宫里。村夫得到了奖赏，过上了他想要的生活。

又过了些日子，皇后的眼睛瞎了，御医说只有龙蛇的眼珠才能治好。皇上便下旨，谁能弄来龙蛇的眼睛，就让他当大官。村夫想：自己现在是比过去幸福，但若能当上高官，有钱有势，一定会更幸福。于是，他又前去恳求龙蛇。龙蛇忍痛贡献出了自己的一只眼睛，村夫也因此当上了高官。

但没过多久，皇上又下旨说让村夫去割龙蛇身上的肉，因为他听说吃了龙蛇的肉可以长生不老。为了让村夫早些弄回龙蛇的肉，皇上加封村夫为宰相。村夫得意洋洋，再一次来到山洞口，希望龙蛇能再次满足自己的心愿。但这次，龙蛇什么也没说，而是一张口就把这个刚做上宰相的人给吞进了肚里。

人生如同一条河流，有其源头，有其流程，当然也有其终点。那么，在我们活着的时候，有什么欲望是一定非要满足不可的呢？为什么要让欲望恣意滋生呢？

欲望是人痛苦的根源，因为欲望永远不能被满足。我们要做的是尽量将自己的生活简单化，减少对物质的过多依赖，简简单单的生活能让人觉得神清气爽。当然，我们不能要求每个人都做到清心寡欲，但至少可以在简化自己生活的过程中减少自己的欲望，让自己轻轻松松地享受生活。

4.名利像玩具，千万别被它所累

玛丽·居里出生在波兰华沙，1891年进入巴黎大学学习，1893年和1894年分别取得了物理学硕士和数学硕士学位。1895年，玛丽·居里与皮埃尔·居里结婚，开始了对放射性元素的研究。1898年7月，他们发现了一种新元素，命名为钋。同年12月26日，他们又发现了一种比铀的放射性要强百万倍的新元素镭，但当时还没有实物来证明镭的存在，科学界对他们的发现表示怀疑，也没有机构同意为他们提供实验室做研究，居里夫妇只好在一个简陋的大棚子里做实验。历经了4年的艰辛提炼后，他们终于从8吨沥青铀矿渣中提取出了0.1克纯镭，价值超过1亿法郎。这不仅赢得了科学界人士的普遍认可，也使他们成为了核物理学的奠基人，并且，居里夫妇还因此共同获得了1903年诺贝尔物理学奖。

1907年，居里夫人提炼出了氯化镭。1910年，她测出了氯化镭的各种特性，并以《论放射性》一书成为放射化学的奠基人。"由于对科学的执著与贡献",居里夫人于1911年获得诺贝尔化学奖。

这位在科学领域上享有盛名的居里夫人,生活却极为简朴。曾有一位记者去采访她,当来到一间简陋的房子前,记者看到一个衣着简朴的妇人正赤脚坐在台阶上洗衣服,他过去询问居里夫人的住处,当那妇人抬起头时,记者大吃一惊,原来她就是居里夫人。

当初发现了镭之后,居里夫妇讨论如何处理那些请求他们告诉提炼镭的方法和信件,整场交谈在5分钟之内就结束了。居里先生说:"我们必须在两个途径中选择一个,一是无偿公开镭的提炼方法……"居里夫人说:"这样很好,我赞同。"居里先生说:"二是将提炼方法申请专利,以后任何人想提炼镭都要经过我们的同意,并且我们的孩子可以继承这一专利。"居里夫人不假思索地说:"这违背了科学精神,我们还是选第一个办法吧。"于是,他们向世界公开了镭的提炼方法和其他相关资料。

有一位女性朋友去居里夫人家拜访她,发现他的小女儿正拿着英国皇家科学院颁给居里夫人的金质奖章在玩儿。朋友大吃一惊,问道:"你怎么能把这么宝贵的东西给孩子玩儿呢?"居里夫人回答:"我想让孩子从小就懂得,荣誉就像玩具,只能玩玩而已,绝不能永远守着它,否则将一事无成。"

居里夫人以高尚的情操和献身科学的精神教育孩子,她的女儿瑞娜后来也成为了一名科学家,并像母亲那样获得了诺贝尔奖。

　　"一个人不应该与被财富毁了的人交结来往。"这是居里夫人的名言，而她也正是这样做的，不让自己被名誉和财富毁掉。当初那价值超过 1 亿法郎的 0．1 克纯镭，对于生活极其简陋的居里夫人并没有造成任何影响，她坦然地将其无偿赠给了实验室，这份视名利如浮云的豁达实在令人赞叹。

　　谢先生在一家工艺品店看到了一副对联，青花瓷字，镶在两片大板上，显得很突出，字体属草书，约是清朝中叶烧制。他问了问价钱，不便宜，便想以后再说。过了半年，又路过那家工艺品店，青花瓷字对联还在，谢先生再一次问价，比原来要便宜一些，但他还是觉得贵，摸摸看看，许久才下决心离开。

　　又过了几个月，谢先生整理家具时记起那一副对联，于是又去了工艺品店。

　　谢先生一眼就看见，对联还放在那里。他又一次问价，老板微笑着说了一个价格，谢先生实在讶异，顺口又问："怎么比第一次开的价钱少一半？"

　　实在是喜欢这副对联，价格又合适，谢先生这次毫不犹豫地就买下了。他将对联带回家，挂在客厅里，中间是达摩祖师的画像，右联"有忍乃有济"，左联"无爱即无忧"，远看近看都庄重，谢先生十分喜欢。

这次交易也让谢先生与老板熟悉了起来。有一次，谢先生说："古董业有行无市，胡乱开价，不大好吧？"

老板说："没错，物件买卖总是如此，有人爱就有人抬，有的商人看准了顾客的心理，这个时期，爱情都买得到，何况是物件？所以啦，爱而不忍，只得花钱当冤大头。你说的有行无市，正是这样起因的……"

"对不起，"谢先生插话，"我想知道，为什么便宜卖给我？我并不特别，只是很平凡的一个人。"

老板哈一声："就是了，我也是平凡人。问题是，现在有太多自以为了不起的人，平凡人反而少见呢。"

谢先生一时无语。老板去换茶叶，茶壶空着，谢先生顺手拿来看，吃了一惊，茶壶是清朝的古董。老板将一撮茶叶放进茶壶，漫不经心地说道："看出来啦？别玩儿茶壶，假货多，真货贵，让那些有钱人去玩儿吧，过几天也许就卖出去了，你不妨多看几眼，但不必问价钱。"

老板倒水入壶："我说呢，你做个参考吧，玩古董跟做人一样。记得，无忍则无济，有爱即有忧，这是倒过来思考，不是大哲理，却是很多人做不到的。"

几个月之后，谢先生再去那家店，发现店已关闭了，邻居说老板已经去世了。一个30岁左右的妇人说："他啊，怪人！连钱都不爱，乐天乐天的，生前卖掉了所有的古董，然后不久就去了。"

看看世间，有多少人正把玩具当成自己真正的人生死守不放呢？

5.不受利益的诱惑，人生的幸福才会长

曾经有人说过："心有多大，舞台就有多大；心有多高，天就有多高；心有多亮，成功就有多辉煌！"于是，我们看到很多年轻人刚刚走出学校的校门，心里就想着要进一家大公司，三五年之内要赚多少钱，要在公司里当什么职位，甚至会说几年之后同学聚会的时候，一定要是其中混得最好的，无论是薪水还是职位，那样才有面子……可事实上，他们很少去想，自己为什么需要这些？是真的需要这么多吗？得到这些之后有多大意义？这些问题很难回答，多数人想到的不过是——别人都那样，我也要那样，不想比别人差。

随着年龄的增长、阅历的增加，很多人变得成熟而理智，价值观也有了变化，或者说，他们学会了思考。那时候，他们会发现，其实自己需要的东西并不多，累得死去活来，换来了金钱、职位也未必能让自己快乐。况且，有些东西永

远也无法比较。当你月薪上万的时候，留学归来的朋友可能已经年薪几十万了；当你考上公务员的时候，有些人已经成了私企的老板。倘若看不明白这一点，那你一辈子都快乐不起来。

在课堂上，一位哲学老师拿起一杯水，然后问他的学生："你们认为这杯水有多重？"有的学生说有50克，也有的说有100克。

"是的，它仅仅只有100克。那么，你们可以将这杯水端在手中一直持续多久呢？"老师又问道。很多人都笑了，心想：100克而已，拿多久又会怎么样！"

老师没有笑，他接着说："拿一分钟，大家肯定会觉得没有问题；如果拿一个小时，大家可能会觉得手酸；如果让你拿一天，甚至拿一个星期呢？那可能就得叫救护车了。"大家都笑了，但这次是赞许的笑。

老师又继续说道："其实，这杯水的重量是很轻的，但当你拿得久了，就会觉得沉重无比。这就如同我们内心不断积聚的小小的欲望，不管它有多小，时间一久，终将会成为你心灵的沉重负累。"

一个心智成熟的人，不会盲目地与他人比较，更不会让自己陷入无止境的欲望陷阱。他们有自己的人生观和价值观，不会过度追求自己其实并不需要的东西。

从前有一个乞丐,他经常自言自语地说:"我真想发财呀!如果我发了财,我要让所有的乞丐都有房子住,吃饱穿暖,我决不做吝啬鬼……"

就这样一遍遍地祈祷,终于有一天,一个神仙找到了他。

神仙对他说:"我听到了你的祈祷,你即将发财,我这就给你一个有魔力的钱袋。这钱袋里永远有一枚金币,是拿不完的。但是,在你觉得够了的时候,你必须把钱袋扔掉,这样,你才可以使用那些金币。"说完,神仙就不见了。

乞丐惊讶地揉了揉眼睛,以为自己是在做梦。不过,他发现自己的身边真的出现了一个钱袋,里面装着一枚金币!乞丐把那枚金币拿出来,里面又有一枚。于是,乞丐不断地往外拿金币,他一直拿了整整一个晚上,金币已有一大堆。看着这些钱,乞丐想:这些钱已经够我用一辈子了。

第二天一早,他拿着这些钱,准备到街上买面包吃。

但是,在他花钱以前,必须扔掉那个钱袋。他舍不得扔掉那件宝贝,又继续从钱袋里往外拿钱。每次当他想把钱袋扔掉的时候,他就总觉得钱还不够多。

就这样,日子一天天过去,他的金币越来越多,多到可以买下一个国家。可他总是对自己说:"还是等钱再多一些才好。"于是,他不吃不喝拼命地拿钱,金币已经快堆满一屋子了,他却变得又瘦又弱,脸色蜡黄。他虚弱地说:"我不能把钱袋扔掉,金币还在源源不断地出来啊!

就这样，接连几天，乞丐都水米未进，已经成为大富翁的他变得十分虚弱。可即便如此，他还在用颤抖的手往外掏金币。最后，由于又累又饿，乞丐最终死在了成堆的金币里。

在现实生活中，如这个乞丐一般的人不在少数。他们总是希望拥有得越多越好，爬得越高越好，结果当然是疲惫不堪，让自己丢失了更多：健康、亲情、友谊，乃至生命。

心智成熟有一个重要的标志，那就是懂得克制自己。任何人都不可能得到全世界，当利益、诱惑出现在我们面前时，千万不要像故事中的乞丐一样，贪心不足。要懂得权衡利弊，不能被利益冲昏头脑，任何东西，够用足矣，实在没必要为了得到更多而让自己失去大把快乐的时光。懂得舍弃一些欲望，人生的幸福才会多一点。

6.一个人如果永远守着荣誉，将会一事无成

虚荣会将一个人的肤浅、幼稚暴露无遗。

一只猫在主人准备好的食物面前美美地饱餐了一顿，顾不上洗脸，鼻子上还沾着奶油，就打了个哈欠，伸了个懒腰，

呼呼睡着了。这时，一只饥肠辘辘的老鼠闻到了奶油的香味，它实在太饿了，以致都没有看清这正是自己的天敌，莽莽撞撞张开嘴就咬。"哎哟！"一声惨叫，被疼痛惊醒的猫一时也没弄清是怎么回事，还以为是主人看自己睡懒觉而教训自己，叫了一声就跑了。消息传开后，这位莽撞的老鼠在整个鼠国很快便家喻户晓，它被同伴们视为无畏的勇士，成了鼠类的骄傲。

"您为我们出了一口气，以前只有我们见猫逃的事，今天竟然是猫逃走了。在我们鼠类历史上，这还是第一次，您将永垂史册。"老鼠国的所有成员都夸奖它。从此，无论这位鼠英雄走到哪里，都有鲜花和欢呼围绕，还有漂亮的鼠小姐们对它频送秋波。就这样，这位英雄也慢慢相信自己真的是猫的克星，不知不觉变得趾高气扬起来。

谁知，没过多长时间，这只鼠勇士又碰上了那只倒霉的猫。它暗自高兴，这次又可以大显身手了，再给猫一个重创，抓瞎它的眼睛，用更大的胜利赢得更高的荣誉与尊敬。可它哪里是猫的对手，这次，猫看到它不仅没有逃走，还主动发起了进攻，要不是它逃得快，命都没了，但它的尾巴还是被咬掉了半截，身体也受了伤。

这倒霉的消息不胫而走，又轰动了整个鼠国。这次，大家不是用鲜花和欢呼迎接它，取而代之的是铺天盖地的咒骂和唾弃："懦夫！小丑！真是丢脸！"往日的英雄再没有人理睬，别说鼠姑娘们的青睐，就是走路也得藏着半截尾巴，低着脑袋。

获得荣耀的确是人生一大喜事，但我们不能在这份荣耀里忘乎所以，以致无法驾驭自己的情绪，最后输得一败涂地。

太过爱慕虚荣，有点成绩就想表现自己。于是，很多时候，不该说的话说了，不该做的事做了，不该动的东西动了，别人已经受不了了，自己却还浑然不觉；别人把脸都别过去了，自己却还在自我感觉良好；别人已经在说话讥讽他了，自己却听不出来。

秋天来了，树上的叶子一天比一天稀少，天气也逐渐变凉了。一只蝙蝠飞来飞去，它哭着说冷，鸟中之王——鹰看见了它。

"你为什么哭啊，蝙蝠？"老鹰问道。

"因为我冷。"

"为什么别的鸟不哭呢？"

"它们不冷，是因为它们都有羽毛，而我连一根羽毛也没有。"

老鹰考虑了一下，觉得蝙蝠一片羽毛也没有，确实可怜，于是就让所有的鸟各给蝙蝠一片羽毛。蝙蝠有了各种鸟儿的羽毛后，显得漂亮极了，每片羽毛颜色都不一样。蝙蝠把翅膀张开，真叫人眼花缭乱。

蝙蝠因为有了这五彩缤纷的羽毛而骄傲起来，每天都盯着自己的羽毛，不理睬别的鸟儿。它老是欣赏着自己的羽毛，自我陶醉着：瞧我多漂亮！鸟儿都飞到它们的国王老鹰那里去，愤愤不平，向它告状。

"所有的鸟都在告你的状，蝙蝠！"老鹰对它说，"听说你拿它们的羽毛自夸，骄傲得连话都不愿同它们说，是真的吗？"

蝙蝠说："它们是出于妒忌说的，因为我比所有的鸟都漂亮多。你瞧一瞧，自己判断吧！"蝙蝠张开两扇翅膀，看起来的确很美丽。"那么好吧！"老鹰说，"就让每只鸟把给你的那片羽毛收回去，既然你这么漂亮，就用不着要别人的羽毛了。"于是，所有的鸟都扑向蝙蝠，把自己的那片羽毛取了回来，蝙蝠又变得跟原来一样光秃秃的了。它感到羞耻，同时也觉得自己太丑了，于是，从那时起，它只在夜间出没，免得别的鸟看见它。

没有自知之明的人，一味地炫耀自己侥幸得到的荣耀，只能得到失败的苦果。荣誉是别人给你的，别人既然能给你，就能够收回。所以，不要在别人给的荣耀里乐得翘尾巴，这不仅是一种缺乏修养的表现，更是处世做人的一大忌讳。

那么，如何才能克服虚荣心理呢？有句格言说得好："虚荣的人注视着自己的名字，光荣的人注视着祖国的事业！"一个人只要追求的方向对了，就会把自己的全部精力集中在目标上，而那些低级的俗物自然不会成为他们的负担。古今中外，很多伟人都是如此做的。

7.鱼和熊掌很难兼得

先贤孟子曾说过："鱼，我所欲也，熊掌，亦我所欲也，两者不可得兼。"就是说，在人生旅途中，我们经常会遭遇到许多两难的问题，选择一个就意味着要放弃另外一个。可是，有时我们所面对的并非西瓜和芝麻这样简单的选择，它有可能是两种你同样喜爱并都想得到的东西，让你两样都难抛下。

这时，你该如何去做呢？问题的关键所在，就是要认清自己真正需要什么，哪一种对我们更重要，这样才能找到我们前进的方向。方向找对了，选择也就相对容易了。

游牧民族的孩子从小就要学习牧羊和打猎，看到丰茂的森林草地，全族的青壮年男子就要冲进去寻找猎物。一个孩子刚刚学会骑马，在叔叔的带领下学习打猎，想要一展身手。

　　小孩子爱玩，心态又浮躁，看到兔子就想追兔子。正在追兔子，旁边蹿出一只鹿，他又想追那只肥大的鹿。这时，一只野鸡从头上飞过去，他又想弯弓射箭打下野鸡。孩子就这样看到什么想打什么，结果一个都打不到，回头想找一开始看到的那个，动物们早跑没影了，忙了一天，他却两手空空。

　　叔叔告诉他："我第一次打猎和你一样，看见什么就想打什么，但是，一次只能射一箭，得到一只猎物就是收获，为什么要贪心呢？只有戒掉这个毛病，你才能成为一个优秀的猎手。"

　　孩子初学打猎难免三心二意，什么都想抓的结果就是什么都没追到，白白浪费力气。长辈以自身经验告诫孩子，想要做一个优秀的猎手，先要学会不贪心，一心一意地抓紧眼前的目标。打猎如此，做其他事也是一样。目标一旦堆积，就会造成视觉上和心理上的双重障碍，只有头脑清醒的人才会从一开始就盯准一个，抓到手再着手下一个。

　　一个人不能同时追赶两只兔子，如果一只兔子朝东，一只兔子朝西，这个人只能留在原地踏步，一无所获。如果兔子再多一点，这个人恐怕连怎么抓兔子都忘了，光顾着想究竟追哪只，成为一个彻头彻尾的空想家。大千世界，机会无处不在，诱惑无时不有，如果不能认定一个，而是四面出击，不论是精力还是头脑，都会不够用。

　　既然一个人的能力决定了他能获得什么，努力程度决定了他能获得多少，贪心就成了一种自我折磨。就像小时候我们吃着糖果，如果总是想着没吃到的饼干，或者想着明天吃的蛋糕，目标太多，就会造成心理上的混淆，最后吃到嘴里的也没有以前香甜了。还有的时候，我们顾此失彼，不看自己手里的这个，而是紧盯着别人手里的，最后两边落空，自己难过。所以，不如简单一点、专一一点，把握住自己眼前的东西，抓得住的永远比抓不住的更重要，自己手里的总比别人手里的安全。

　　人生的道路也是如此，很多时候，我们不止有一个选择，哪个方向都有自己想要的东西，哪个方向都是一种诱惑，我们必须下定决心选择一个，才能用最短的时间到达目的地。一个人不能同时追逐两个理想，任何时候，专一的人都比左顾右盼的人拥有更多把握成功的时间和机遇。

　　所以，当我们遇到"鱼和熊掌"不可兼得的情况，或被无穷无尽的欲望所累时，不如暂时忍痛割爱，放下一些贪念，这不是逃避，不是懦弱，而是明智的选择，只有如此才能开始崭新的历程。

8.知足常乐，不知足者常忧

有些人日子可谓一帆风顺，无生计之忧与养家糊口之虑，但他们仍然在喊"活得累"，他们的"累"除了生活节奏快、人际关系复杂外，主观上主要是欲望之累。

有些人比下有余，却总想着比上还不足，于是生出许多不满足：官不够大，钱不够多……而这些不满足不是转化为积极上进、参与竞争的动力，而是变成了心中的怨气。在这种精神状态的支配下，当然不会心想事成、万事如意。

财富、地位等并不能给我们带来幸福，幸福之门能否打开，要看我们是否拿对了钥匙。

从前，有个非常有钱却吝啬的贵族，他最高兴的事情就是赚钱，但如果让他为别人花一个小钱，他都会非常不高兴。大家都叫他吝啬鬼。而这个吝啬鬼最发愁的就是明天赚不到大钱，最担忧的是子孙将来守不住他的财产，这些忧愁常常搅得他吃不香睡不着。

一天，来了一位得道的高僧，说是能满足每个人的任何愿望。没过几天，这个激动人心的消息便传遍了城市的每个角落，大家纷纷从四面八方过来求助。贵族也知道了这回事儿，高兴得乐开了花，跪着向天大喊："上天啊，你待我不薄，我人生中最重大的愿望就要实现了!"周围的人看到了,以为他疯了,都诧异地张大了嘴巴,而贵族全然不理会这些,只顾乐颠颠地跑着去找高僧。

贵族见到高僧,激动得热泪盈眶,拉着高僧的手说:"大师,我终于把您等来了,您就是上天赐给我的礼物啊!"高僧见这场面,疑惑极了。贵族接着说:"大师,我想向你寻求一个方法,让我的子子孙孙跟我一样有钱。"大师听后笑了,拉着贵族详细地打听了一下他的家庭状况,又闲话了一些家常,心里便有了数。

"你这个愿望一点都不难实现。"大师一字一顿地说,"不过……"一听这转折词,贵族心里咯噔了一下,连忙说:"只要大师给我指点个方法,我会不惜一切代价做到的。"高僧笑了笑,说:"其实对你来说,这也不是难事。"接着,就在他耳边低语了一番。

"什么?要我施舍财物?"贵族差点蹦出去。要他散财,这就仿佛是要割他的肉喝他的血一般。他面露难色,对高僧说:"大师,这个……那个……其实我也不太富足……"高僧心领神会地笑了,说:"既然如此,你就做一点小事吧。你家旁边住着一对穷苦的母女,早年的时候,她们家的男人在战争中牺牲了,现在只有两个人相依为命,你明天去给她们送点粮食吧。"抠门的贵族一听要送粮食,还是觉得心疼,不过想到这已经比为百姓施舍财物好了很多,便爽快地答应了。

第二天一大早，贵族便带着粮食去找那对穷苦的母女。贵族走到门口的时候，那母女俩正在院子里边唱小曲边干活，谁都没有注意到他的到来。贵族高声说："听说你们过得很艰辛啊，我代表我们全家前来慰问慰问，你看，还带来了这么多大米，你们今天的饭就不用愁了。"说着，还晃了晃手中的半袋大米。

母亲放下手中的活，看了看财大气粗的贵族，说："心地善良的贵族大人，我们万分感谢您的施舍，不过我们今天已经有粮食吃了，您拿去分给更加需要的人吧。"

贵族听到自己送来的粮食被拒绝了，感到非常没面子，但又不好发作，只好接着说道："过了今天还有明天啊，你们可以留着明天再吃。"

"明天的事情今天担心干什么。俗话说，天无绝人之路，老天爷是不会让我们饿死的。"说完，那母亲不理贵族，又继续埋头干活。

听了这话，贵族先是惊愕，接着恍然觉悟。他赶快离开穷人家，来到高僧那里，非常恭敬地行了个礼，说："谢谢您，我感谢您满足了我的最大愿望，是您给了我幸福的钥匙。说真的，不知足的人在这个世界上是永远找不到幸福的。"

珍惜所拥有的，不去奢求那些遥不可及的或者根本不属于你的，这就是幸福的真谛。当你觉得自己被实实在在的生活压得喘不过气来时，为什么不卸下生命中那些不能承受之重,还自己一个轻松的人生呢?

一天,小郭正在路边散步,这时,他看到路旁有个小男孩在号啕大哭,于是就走过去问:"小朋友,你为何哭得如此伤心?"

小男孩揉揉眼睛说:"刚才跑得太快,不小心丢了10元钱。"

小郭看他这么伤心,便从腰包里掏出10元钱给了这个小男孩。

小男孩拿到钱后,怯生生地说了声"谢谢"。小郭笑了笑,然后继续一个人散步。半个小时后,他又转回了这个地方,谁知却看见那个男孩还没有走,反而哭得更凶了。

小郭一看,不由大惑不解:"我不是给了你10块钱吗?为什么还哭呢?"

小男孩回答说:"如果我先前不丢失那10元钱就好了,那我现在就有20元了。"

小郭愣了愣说:"算了,你也别这么想了,你就当没丢过钱,就当我从来没给过你钱,你的这10元钱还是你自己的,这样不就好了吗?"

"不好,不好。"小男孩大叫道,"要是我还有10元钱,我就可以买一把更好的玩具枪,而不是买最便宜的。"

"这……"小郭听到小男孩如此回答,不知道刚才给他钱的行为是对还是错。最终,他摇着头走开了。走出了很远，他还能听到小男孩的哭声："我要买更好的，我要买更好的……"

可以说，"知足"与"不知足"是我们最大的心理矛盾。人们就是在这对矛盾中生活了一辈子，工作了一辈子，奋斗了一辈子，也较量了一辈子。人的"知足"与"不知足"都具有二重性，既有积极的一面，又有消极的一面，关键是我们能否摆正位置，并正确把握其中的"度"。谁把位置摆正了，谁就能化消极为积极因素，掌握通向成功、通向幸福的钥匙。